KB105487

미자언니네 요리연구소 시크릿 집밥 레시피

선미자의 맛

ChosunMedia
조선뉴스프레스 여성조선

이 책의 사용법

이 책에서의 재료 분량

모든 재료의 양은 표준 계량컵과 계량 스푼을 기준으로 합니다.
1컵은 200㎖, 1큰술은 15㎖, 1작은술은 5㎖입니다.

이 책에서의 요리 분량

기본적으로 2~4인분 기준입니다. 다만 사람마다 음식 섭취량이 다르므로
명시된 재료의 양을 감안해 가감하시면 됩니다.

양념 사용법

핸드메이드로 만드는 맛간장 만들기가 번거롭다면 시판되고 있는
미자언니네 프리미엄 맛간장으로 바꿔 사용하셔도 좋습니다.
이 밖에도 맑은 액젓은 시판되고 있는 미자언니네 꽃게액젓으로,
참치액은 미자언니네 맛육수로 바꿔 사용하시면 요리의 맛을
좀 더 업그레이드할 수 있습니다.

쌀 불리는 법

영양밥을 전기 밥솥에 지을 경우 멥쌀과 찹쌀은 씻고 체에 밭쳐 물기를 뺀 후
30분 정도 불리는 것이 좋습니다. 현미는 12시간 이상 물에 불린 다음
체에 밭쳐 물기를 뺀 후 밥을 짓는 것이 좋습니다.

미자언니네 요리연구소 시크릿 집밥 레시피

선미자의 맛

contents

contents

미자언니네 요리연구소
스페셜 메뉴

맛깔난 매일 반찬과 분식

요리는
'소통'이라는
진리

의상학을 전공한 후 강남에서 맞춤옷 부티크를 운영하고 있었지만 아이들이 태어난 뒤 전업주부의 길을 선택할 수밖에 없었습니다. 그러던 제가 본격적으로 요리를 시작하게 된 결정적인 계기는 사춘기 아들 덕분이었지요.

초등학교 때까지는 대화가 잘되는 아들이었어요. 그런데 초등학교 4학년 무렵 외국에서 2년 정도 혼자 지낸 데다, 귀국했을 땐 사춘기에 접어드는 중학생이다 보니 서로 대화의 길이 막힌 거예요. 학교에서 집에 돌아오면 아예 입을 다물고 말을 안 하더라고요. 무척 속상했지만 아이 맘을 열기 위해 진짜 최선을 다했어요. 그래도 쉽지 않더라고요. 점점 말수가 적어지는 아이 때문에 저 역시 점점 마음이 무거워졌어요.

그러던 어느 비 오던 날이었습니다. 아들이 감자수제비가 먹고 싶다고 말했습니다. 맑은 육수에 감자를 도톰하게 썰어 넣은 수제비를 먹은 아들은 수제비가 너무 맛있다며 엄마에게 말을 건넸습니다. 말만 하면 무엇이든 싫다던 아들의 칭찬에 엄마의 마음도 벅차올랐죠. 이후 아이의 하원 시간에 맞춰 맛있는 음식을 차려 내기 시작했습니다. 시간이 흐를수록 자연스럽게 아이는 학교에서 있었던 일을 엄마에게 말하기 시작했죠. 그때 저는 요리는 곧 소통이라는 것을 깨닫게 되었습니다. 몇 년 후 아들 혁준이는 엄마의 영향을 받아 뉴욕의 유명한 요리학교 CIA에 진학하게 되었습니다. 칼질도 못 하던 아이를 요리 전문학교에 보내고 걱정도 많이 했지만 CIA 최초 '매니지먼트 어워드'라는 큰 상을 받은 한국인이 되어 엄마의 마음을 또 한 번 벅차오르게 만들었지요.

제가 워낙 긍정적이고 쾌활한 성격이라

저희 집에는 늘 사람들이 북적였어요.

집에 찾아오는 손님에게 음식을 대접하는 것도 좋아했고요.

때문에 동네 주부들 사이에서 요리 솜씨를 인정받아

쿠킹 클래스를 열어보라는 이야기도 많이 들었지요. 하지만

제가 본격적으로 요리 전문가의 길을 가야겠다고 결심하게 된 것은

통 말문을 열 것 같지 않았던 아들과 대화의 길을

음식으로 열었기 때문이었어요.

요리는 소통이라는 사실을 알게 되었기 때문이기도 하고요.

음식 선물은 상대방을 무장해제하는 특별한 힘이 있어요.

또 대화의 좋은 화제이기도 하죠.

전통에
트렌드를 더한
집밥 레시피

다른 사람들에 비해 요리연구가로의 시작은 조금은 늦은 편이었어요. 주변에서 요리 솜씨를 인정받기는 했지만 식품학을 전공한 것도 아니고, 조리사 자격증마저 없는 것이 마음에 걸렸습니다. 이후 케이터링 전문가반 등 1년여 동안 7곳의 요리 관련 학원을 다녔습니다. 그러나 학원에서 배운 것보다는 오히려 결혼 후 줄곧 주부로서 가족들을 위해 20년 가까이 해온 요리들이 튼튼한 기본기를 만들어줬다는 것을 확신하게 되었지요.

양식부터 중식, 일식에 이르기까지 다양한 요리를 공부하고 접했지만 제 요리의 기반은 바로 한식이에요. 다만 고정관념에 사로잡힌 한식이 아니라, 누구나 맛있고 쉽게 즐길 수 있도록 끊임없이 연구하고 새로운 시도를 하고 있죠. 전통도 중요하지만 시대를 아우르는 트렌드가 있고 사람들의 입맛도 바뀌기 때문이에요. 또 먹는 이를 배려하면 보다 먹기 편하고 맛있는 음식을 만들 수 있어요. 미자언니네 시그니처 메뉴 중 하나인 떡갈비를 예로 들자면 보통의 떡갈비는 소고기 한 부위를 다져 넣는 경우가 대부분이지만 저는 차돌박이를 함께 다져 넣어 기름기를 더해 훨씬 부드럽게 먹을 수 있게 했지요. 보통의 피클과 달리 견과류를 더하면 아이들도 좋아하는 특별한 메뉴가 되고요.

음식을 하는
또 다른 즐거움,
테이블 세팅

음식은 입으로 먼저 먹기 전에 눈으로 먼저 먹는다고 생각해요. 그래서 요리를 그릇에 담을 때 또 테이블 세팅에도 늘 공을 들이는 편이죠. 집에 손님이 오셨거나 모임이 있을 때 음식이 이야깃거리가 되기 위해선 맛도 중요하지만 그 모양새도 중요하거든요. 푸드 스타일링을 어렵게 생각하시는 분들이 많은데, 약간의 센스를 더한다고 생각하시면 좋을 듯합니다. 요리 안에 들어가야 하는 재료들을 보다 보기 좋게 더할 수 있도록 아이디어를 내는 거죠. 또 식욕을 끌어낼 수 있는 스타일링이어야 하고요. 예를 들어 '매콤고추장돼지불고기'에는 부추를 더하면 훨씬 맛있습니다. 보통은 부추를 돼지불고기 조리 마지막에 넣고 섞지만, 접시에 부추를 깔고 돼지불고기를 올리면 훨씬 예쁘답니다. 평범한 요리가 특별해 보이기도 하고요. 간편하고 꼭 들어가야 하는 식재료로 장식을 해 모양도 맛도 업그레이드를 하는 거죠. 또 푸른색 잎사귀를 요리에 더하면 푸르른 색감이 더해져 훨씬 더 보기가 좋아져요. 가까운 꽃집에서 '엽란'이나 '편백나무' 잎 등을 구입해 베이킹소다나 굵은소금으로 앞뒤를 닦은 뒤 키친타월로 깨끗이 닦아 사용하면 되지요.

문구점에서 파는 종이끈을 수저에 감고

종이 끝부분을 펴면 색다른 장식을 한 듯

포인트를 줄 수도 있습니다.

꽃이나 식물을 끈 사이에 끼워 분위기를 내도 좋고요.

피라칸타 열매처럼 붉은색이나

푸른색 식물을 사다 테이블을 장식하면

연말 분위기를 연출하는 데에도

손색없습니다.

선미자표 요리의 기본양념

맛있는 요리의 기본기는 육수와 양념에 있습니다. 한두 번 더 손이 가더라도 기본 육수와 양념을 만들어 두면 보다 쉽게 음식의 맛을 낼 수 있습니다. 제가 평소 애용하는 육수와 고기 요리 특유의 냄새를 제거해주는 만능즙 그리고 맛간장을 소개합니다.

생강술

생강술은 생강과 청주를 1대 1 비율로 믹서에 넣고 곱게 갈아 가라앉힌 뒤 맑은 국물만 따라낸 것으로, 미리 만들어 두고 고기 요리는 물론 생선 요리에 넣으면 비린내를 잡는 데 좋습니다. 믹서를 사용해 가는 것이 번잡하다면 편 썬 생강에 청주를 부어 우려 사용해도 됩니다. 만드는 법은 두 가지이니 참고하세요.

기본 재료

생강 200g, 청주 1컵

만드는 법

1 생강은 껍질을 제거해 편으로 썬다.
2 용기에 생강과 동량의 청주를 담아 2~3일 정도 두었다가 사용한다.

기본 재료

생강 200g, 청주 1컵

만드는 법

1 동량의 생강과 청주를 믹서에 곱게 간다.
2 ①을 면보를 깐 체에 걸러 맑은 물만 받아 사용한다.

만능즙

고기나 생선의 밑간을 할 때 많이 사용하는 만능즙이에요. 생강과 배, 무, 마늘, 양파, 파 뿌리를 넣어 곱게 간 후 맑은 물만 받아 사용하지요. 집에 원액기가 있다면 재료 전체를 넣고 즙으로 짜 사용해도 좋습니다.

기본 재료

배 · 무 · 마늘 · 양파 200g씩, 파 뿌리 50g, 생강 10g

만드는 법

1 모든 재료를 믹서에 넣어 갈기 쉽게 적당한 크기로 잘라 놓는다.

2 믹서에 모든 재료를 넣고 곱게 간다.

3 ②를 면보를 깐 체에 걸러 맑은 물만 받는다.

4 ③은 얼음 틀에 담아 냉동실에 얼려 놓고 사용한다.

다
시
마
물

다시마 육수는 다시마와 물을 함께 끓여서 사용하는 경우가 많지만, 개인적으로는 찬물
에 다시마를 넣어 우리는 다시마물을 애용하는 편입니다. 다시마 향이 지나치게 강하지
않으면서도 은은한 감칠맛이 우러나와 특히 영양밥을 할 때 사용하면 좋습니다.

기본 재료

다시마 5×5㎝ 1장, 찬물 1½컵

만드는 법

1 다시마는 겉면만 살짝 씻어 그릇에 담고 찬물을 담아 30분 정도 우린다.
2 면보나 촘촘한 체에 다시마만 걸러 내고 사용한다.

멸치 육수

다양한 국물 요리의 기본이 되는 육수입니다. 멸치는 반드시 머리와 내장을 제거한 후 마른 팬에 볶아 사용해야 비린내가 나지 않아요. 육수를 미리 만들어 두기보다는 멸치를 미리 손질해 볶아 두고 냉동실에 보관해가며 그때그때 육수를 내 사용하면 좋지요.

기본 재료

마른 멸치 6마리, 물 1컵

만드는 법

1 멸치는 머리와 내장을 제거하고 기름을 두르지 않은 팬에 구수한 향이 날 때까지 볶는다.

2 냄비에 멸치와 물을 넣고 끓이다가 끓기 시작하면 중불로 낮춰 40분 정도 끓인 다음 멸치는 체에 거르고 육수를 사용한다.

맛
간
장

조림이나 볶음 등 간장이 들어가는 모든 요리에 사용하면 더욱 맛깔스러운 맛을 내주는 간장입니다. 향신채와 채소를 끓여 만든 육수에 간장과 사과, 레몬, 설탕, 청주 등을 넣고 만들어 간장을 베이스로 하는 소불고기나 찜 등에 간장 대신 사용하면 그 진가를 발휘하지요. 맛간장 만들기가 번거로울 때에는 시판되고 있는 '미자언니네 프리미엄 맛간장'을 사용하셔도 됩니다.

육수 재료

양파 200g, 당근·건새우 50g씩, 마늘·표고버섯 30g씩, 생강 20g, 물 2컵, 청주 ½컵, 통후추 1큰술

간장 양념 재료

간장 10컵, 설탕 1kg, 맛술 1½컵, 청주 1컵, 사과·레몬 1개씩

만드는 법

1 냄비에 분량의 육수 재료를 넣고 국물의 양이 반으로 줄 때까지 끓인다.

2 ①을 체에 걸러 육수만 받아 냄비에 넣고 간장 양념 재료 중 간장과 설탕을 넣고 끓이다
  팔팔 끓을 때 맛술과 청주를 넣고 다시 한 번 끓으면 불을 끈다.

3 ②에 사과와 레몬을 껍질째 얇게 슬라이스해서 넣고 뚜껑을 닫은 뒤 24시간 둔다.

4 건더기는 체에 거르고 간장은 소독된 병에 담아 실온에 보관하면 6개월 정도 사용 가능하다.

사계절 한 그릇 영양밥과 정갈한 반찬

제철 식재료를 넣어 정성스럽게 지은 영양밥은 다른 반찬 필요 없이 밥 한 그릇이면 푸짐한 한 상을 차려 낼 수 있습니다. 무엇보다 제철 식재료를 담아 정성스럽게 지어 우리 몸에 꼭 필요한 주 영양소가 듬뿍 담겨 있고 재료의 맛이 밥에 녹아 어우러져 맛도 근사합니다.

봄에는 봄나물을, 여름에는 원기를 더하는 보양 식재료를, 가을에는 제철인 뿌리채소를, 겨울에는 신선한 제철 해산물을 가득 넣은 영양밥으로 입맛을 돋워보세요.

하지만 전기밥솥에 익숙한 현대인에게 냄비나 솥을 이용한 밥 짓기는 물 조절도 불 조절도 쉽지 않을 수 있어요. 게다가 이제 요리를 시작한 초보 주부라면 더욱 그렇겠죠. 그래서 대부분의 영양밥은 전기밥솥을 이용해 누구나 쉽게 뚝딱 조리할 수 있도록 했습니다.

근사한 영양밥만으로도 충분하지만 엄마 마음을 담아 영양밥에 곁들여 먹으면 보다 맛있게 즐길 수 있는 2~3가지 반찬도 함께 제안해봅니다. 반찬들은 모두 백화점과 온라인 푸드마켓 등 '미자언니네'에서 판매하고 있는 시그니처 메뉴들이 대부분입니다. 또한 저희 집 식탁에서 가족들에게 사랑받고 있는 반찬들이기도 하고요. 밥이 보약이라는 말이 있습니다. 미자언니가 제안하는 정성스러운 영양밥과 정갈한 반찬으로 여러분의 사계절이 더욱 풍성해지기를 바랍니다.

뿌리채소영양밥
부추가득 비빔양념장
황태양념구이

"뿌리채소는 비타민 C와 식이섬유가 풍부해 거칠어진 피부를 매끄럽게 하고 변비 해소에 탁월한 효과가 있어 특히 여성에게 좋습니다. 가을에 갈무리해둔 뿌리채소가 풍부한 1월, 뿌리채소를 이용해 영양밥을 지으면 건강에 도움이 되는 것은 물론 맛도 좋습니다. 여기에 부추를 듬뿍 썰어 넣고 양념장을 만들어 비벼 먹으면 별다른 반찬 없이도 맛있게 영양밥을 즐길 수 있습니다. 영양밥에 부족한 단백질을 보충할 수 있는 반찬으로는 황태양념구이를 추천합니다. 매콤하면서도 단맛이 어우러져 입맛을 돋우지요."

뿌리채소영양밥

마트에서 쉽게 구할 수 있는
연근과 당근을 넣어 지은 영양밥입니다.
멥쌀에 찹쌀을 섞어 영양밥을 지으면
끈기가 더해져 식감이 한층 부드러워지고
향도 구수합니다. 표고버섯을 넣어
향긋하고 쫄깃한 식감도 더했습니다.

기본 재료

멥쌀 2컵

찹쌀 ½컵

연근 50~100g

당근 50g

표고버섯 5개

밥물

다시마물 2½컵

청주 1큰술

소금·간장 1작은술씩

※ 다시마물 만드는 법은 24p를 참고하세요.

만드는 법

1 멥쌀과 찹쌀은 섞고 씻어 체에 밭쳐 30분 정도 불린다.

2 연근과 당근, 표고버섯은 손질해 먹기 좋은 크기로 썬다.

3 전기밥솥에 불려놓은 쌀과 분량의 밥물 재료, 손질한 뿌리채소를 넣고 백미 코스로 밥을 짓는다.

부추가득 비빔양념장

만들기는 간단하지만 밥에 넣어 비벼 먹으면
입맛을 돋우는 양념장입니다.
미리 만들어 두면 간장의 염분에 의해
부추가 질겨질 수 있으므로 비빔밥을 먹기 직전에
만드는 것이 좋습니다.

기본 재료

부추 50g

물 3큰술

고춧가루 2큰술

다진 파(흰 대) · 깨소금 · 참기름 1큰술씩

맑은 액젓(또는 꽃게액젓) · 참치액(또는 맛육수) 2작은술씩

다진 청양고추 1큰술

만드는 법

1 부추는 다듬고 씻어 송송 썬다.

2 볼에 부추를 담고 나머지 재료를 모두 넣어 고루 섞는다.

황태양념구이

황태는 핀셋과 가위를 이용해
가시와 지느러미를 꼼꼼하게 제거해야 먹기 좋습니다.
구울 때 껍질 부분에 두 번 정도 칼집을 넣으면
오그라들지 않아 모양이 한결 정갈해 보이지요.
양념 때문에 탈 수 있으므로 중불에서 달군 팬에 껍질쪽을
팬에 먼저 놓고 앞뒤로 노릇하게 굽는 것이 좋습니다.

기본 재료

황태 2마리
대파 1½대
식용유 약간

양념

간장 · 만능즙 · 설탕 · 올리고당 2큰술씩, 참기름 1큰술
고추장 · 깨소금 · 고운 고춧가루 2작은술씩
후춧가루 · 소금 약간씩

※ 만능즙 만드는 법은 22p를 참고하세요.

만드는 법

1 황태는 뜨거운 물을 앞뒤로 끼얹어 부드럽게 만든 뒤 핀셋과 가위를 이용해
  가시와 지느러미를 제거하고 물기를 뺀다. 껍질 쪽에 서너 군데 칼집을 넣는다.

2 볼에 분량의 양념 재료를 모두 넣고 섞은 다음 황태 앞뒤에 고루 발라 간이 배게 한다.

3 달군 팬에 식용유를 두르고 황태를 넣어 중불에서 앞뒤로 노릇하게 굽는다.

4 대파는 모양대로 동그랗게 송송 썬 다음 달군 팬에 식용유를 두르고 살짝 볶는다.

5 황태를 먹기 좋은 크기로 잘라 접시에 담고 볶은 대파를 올려 낸다.

꼬막살비빔덮밥
삼치간장조림
차돌박이소고기순두부찌개

"싱싱한 꼬막은 삶아서 그냥 먹어도 맛있고 양념을 더해 무쳐 먹어도 맛있지요. 보통 껍데기째 삶아 양념을 올려 먹는데, 꼬막 살만 발라내 덮밥으로 만들어 먹으면 특히 별미입니다. 꼬막과 함께 겨울이면 마트에서 쉽게 구할 수 있는 삼치는 간장조림으로 만들면 달콤 짭조름한 맛이 나 아이들도 좋아하는 밥반찬이지요. 추위로 열량 소비가 많은 겨울에는 따끈하면서도 단백질이 풍부한 차돌박이소고기찌개도 추천하고 싶네요. 차돌박이의 고소함과 두부의 담백한 맛이 어우러져 해장용으로도 그만입니다."

꼬막살비빔덮밥

꼬막은 철분과 비타민 B₂, 타우린이 풍부해서 빈혈 예방과

간 기능 강화, 동맥경화 예방에 도움이 되기 때문에

남녀노소 누구에게나 좋은 식재료 중 하나입니다.

부추를 송송 썰어 올려 함께 먹으면 꼬막 특유의 향을 상쇄해줄 뿐 아니라

영양 면에서도 궁합이 좋습니다.

기본 재료

밥 2공기, 꼬막 살 50g

마늘 3쪽, 대파(흰 부분) ½대

아삭이고추 2개, 부추 10g

양념 재료

홍고추 1개

간장 2큰술, 식초 1½큰술

물·통깨·설탕 1큰술씩

참기름 ½큰술

만드는 법

1 마늘은 편으로 썰고, 대파와 아삭이고추는 얇게 송송 썬다.

2 부추는 손질해 2㎝ 길이로 썬다.

3 냄비에 홍고추를 송송 썰어 담고 간장, 물, 설탕을 넣어 섞은 뒤 약불에 올려 끓기 시작하면 ①을 넣고 불을 끈다.

　한김 식으면 식초와 통깨, 참기름을 넣고 고루 섞는다.

4 볼에 익힌 꼬막 살과 부추를 넣고 ③의 양념장을 넣어 고루 버무린다.

5 그릇에 밥을 담고 양념한 꼬막 살을 올린다.

삼치간장조림

삼치의 비린 맛을 잡기 위해선
요리하기 전에 생강술을 살짝 뿌려 재두면 됩니다.
여기에 생강편을 넣고 간장소스를 만들어 조리면
살짝 달콤하면서도 생강의 향긋한 맛이 더해져
어른들은 물론 아이들도 좋아하지요.

기본 재료

삼치(중간 크기) 1마리

생강술·전분 적당량씩

식용유 ¼컵

간장소스 재료

간장 1컵

물엿 100g

설탕·청주·맛술 3⅓큰술

생강편 20g

※ 생강술 만드는 법은 20p를 참고하세요.

만드는 법

1 삼치는 손질한 다음 100g 정도 크기로 포를 떠서 접시에 담고 생강술을 약간 뿌려 냉장고에 넣고
　30분 정도 마리네이드한다.

2 마리네이드한 삼치를 냉장고에서 꺼내 앞뒤로 전분을 입히고 달군 팬에 식용유를 넉넉히 두르고 튀기듯 굽는다.

3 냄비에 분량의 간장소스 재료를 넣고 소스가 3분의 2로 줄어들 때까지 끓이다가 약불로 줄인다. 소스의 양이
　3분의 1가량으로 줄면 불을 끄고 체에 소스를 걸러 밀폐용기에 담는다.

4 달군 팬에 삼치 100g당 ③의 간장소스 1큰술 정도를 두르고 구운 삼치를 올려 약불에서 간이 배어들게
　소스를 끼얹어가며 조린다.

차돌박이
소고기순두부찌개

순두부찌개에 차돌박이를 넣으면

맛이 한층 부드러우면서도 고소해져요. 소고기까지 갈아 넣으면

맛이 더욱 진해져 한 그릇 비우면 하루 종일 속이 든든하답니다.

차돌박이와 간 소고기는 기름을 두른 냄비에 고춧가루, 다진 마늘과 함께 넣어 볶으면

육류 특유의 냄새를 잡을 수 있습니다.

기본 재료

차돌박이 · 간 소고기 · 애호박 50g씩

순두부 300~400g

양파 ½개, 버섯 30g, 대파 ¼대

청고추 · 홍고추 ½개씩

물 2컵

고춧가루 · 식용유 · 참치액 1큰술씩

참기름 ½큰술, 다진 마늘 2작은술

소금 ⅓작은술, 후춧가루 약간

만드는 법

1 달군 냄비에 식용유를 두르고 고춧가루와 다진 마늘을 넣어 약불에서 타지 않게 볶다가
　차돌박이와 간 소고기를 넣어 볶는다.

2 ①에 물을 붓고 먹기 좋게 편썬 애호박, 양파, 버섯을 넣고 한소끔 끓인다.

3 ②에 순두부, 어슷하게 썬 대파, 청고추, 홍고추를 넣고 끓이다가 끓어오르면 참치액과 소금으로 간한다.

4 불을 끄고 후춧가루와 참기름을 넣어 마무리한다.

배수삼찰밥
간장소스장어튀김
고추장더덕구이

"배는 기침이나 천식 등 호흡기 계통 질환에 좋습니다. 단백질 분해 효소가 풍부해 해독 작용도 뛰어나지요. 배를 넣은 찰밥은 겨울철 감기 예방에 도움이 되고 소화도 잘됩니다. 배와 함께 수삼을 넣으면 혈액순환을 돕고 몸을 따뜻하게 해줘 겨울철 보양식으로 제격입니다. 여기에 목이나 코 등의 점막과 피부를 보호하는 비타민 A(레티놀)가 감기 예방, 면역력 증진에 도움을 주는 바닷장어(붕장어)튀김을 곁들이면 더없이 완벽한 보양 상차림이 됩니다. 고추장더덕구이는 매콤한 양념이 입맛을 더하는 반찬입니다."

배
수
삼
찰
밥

달달한 배와 대추에 수삼을 넣어

향을 더한 배수삼찰밥은 참기름과 다시마물을 넣고 지어

소금 간을 살짝 해서 먹으면 반찬 없이도

맛있게 먹을 수 있습니다. 무엇보다 전기밥솥을 이용해

간편하게 지을 수 있다는 것이 장점입니다.

기본 재료

찹쌀 270g

차조 50g

배 1개

수삼 2뿌리

대추 5알

다시마물 1½컵

참기름 · 청주 1큰술씩

소금 약간

※ 다시마물 만드는 법은 24p를 참고하세요.

만드는 법

1 찹쌀과 차조는 각각 씻고 체에 밭쳐 30분 정도 불린다.

2 배와 수삼은 껍질을 벗겨 굵게 다지고, 대추는 돌려 깎아 채 썬다.

3 전기밥솥에 찹쌀과 차조를 담고 다시마물, 참기름, 청주, 소금을 넣고 섞는다.

4 ③에 배, 수삼, 대추를 섞어 얹고 백미 코스로 밥을 짓는다.

간장소스장어튀김

바닷장어는 지방 함량이 10% 정도로 민물장어의 절반밖에 되지 않아
맛이 담백해 남녀노소 누구나 좋아합니다. 달콤하면서도 감칠맛 나는
간장소스를 더하면 아이들도 잘 먹으므로 영양 간식으로도 좋지요.

기본 재료

바닷장어 750g(3마리), 깻잎 10장

대파(흰 부분) 1대, 생강 1톨, 녹말가루 1컵

생강술 약간, 식용유 적당량

간장소스 재료

간장 · 청주 · 맛술 3큰술씩, 설탕 · 물엿 2큰술씩

대파 ½대, 매운 마른고추 4개, 통후추 1작은술, 양파 · 생강 50g씩

※ 생강술 만드는 법은 20p를 참고하세요.

만드는 법

1 바닷장어는 머리와 꼬리, 지느러미를 떼고 길이로 반을 가른 다음 껍질 부분이 도마 쪽으로 가게 두고
   뜨거운 물을 끼얹는다. 바닷장어가 오그라들면 숟가락을 이용해 꼬리에서 머리 방향으로 긁어 껍질을 벗긴다.

2 ①의 살 부분에 잔칼집을 넣고 어슷하게 한입 크기로 썬다.

3 손질한 장어는 생강술에 10분 정도 잰 뒤 녹말가루를 묻힌다.

4 깻잎은 씻어 채 썰고, 대파는 길이로 채 썬다.

5 냄비에 분량의 간장소스 재료를 모두 넣고 팔팔 끓여 3분의 2 정도로 양이 줄면 체에 밭쳐 액만 받는다.

6 생강은 껍질을 벗기고 채 썰어 찬물에 씻은 후 물기를 뺀 다음 식용유를 달궈 노릇하게 튀긴다.

7 튀김용 팬에 식용유를 붓고 170℃로 달군 다음 바닷장어를 넣고 바삭해지도록 조금 오래 튀긴다.

8 접시에 채 썬 깻잎을 깔고 튀긴 바닷장어를 간장소스에 버무려 올린 다음 그 위에 채 썬 파와 튀긴 생강채를 얹는다.

고추장더덕구이

더덕에 고추장을 바르면 쓴맛이 없어지고
찬 성질을 중화해 맛뿐만 아니라 영양적으로도 좋습니다.
더덕을 편으로 썰어 방망이로 자근자근 두드려 펴면
양념이 잘 스며드는 데다 식감이 부드러워집니다.
아삭한 식감이 살도록 살짝 굽는 것이 중요합니다.

기본 재료

더덕 150g

잣가루·쪽파 약간씩

식용유 적당량

기름장 재료

참기름·간장·꿀 1큰술씩

양념 재료

고추장 3큰술, 설탕 1½큰술

깨소금·참기름 1큰술씩

고운 고춧가루·다진 마늘·물엿 ½큰술씩

만드는 법

1 더덕은 껍질을 벗기고 0.5㎝ 두께에 길이로 편 썰어 방망이로 자근자근 두드려 편다.

2 분량의 재료를 섞어 만든 기름장을 더덕에 바른다.

3 분량의 재료를 섞어 고추장 양념을 만들어 ②의 더덕에 바른다.

4 달군 팬에 식용유를 약간 두르고 더덕을 넣어 아삭한 식감이 나도록 살짝 굽는다.

5 ④를 접시에 담고 잣가루와 송송 썬 쪽파를 뿌린다.

다이어트 모둠콩밥
더덕물김치
삼각깻잎전

"다이어트 모둠콩밥 속 화이트빈(흰 강낭
콩)에는 파세올라민이라는 성분이 다량 함
유되어 있습니다. 파세올라민 성분은 탄수
화물을 많이 섭취해도 체내에 흡수되지 않
게 차단해주는 역할을 하기 때문에 다이어
트에 도움이 됩니다. 더덕은 사포닌과 알칼
로이드 성분이 풍부해 기침을 멎게 하고 가
래를 삭이는 효능이 있어 기관지염이나 천
식에 효과가 있습니다. 몸에 열이 있거나 인
삼이 맞는 않는 사람이 기침을 오래 할 때
약으로 쓰면 좋은데요. 더덕을 물김치로 담
가 식사 때마다 먹으면 좋습니다. 깻잎전을
만들 때 차돌박이를 다져 넣으면 기름기가
약간 더해져 식감이 퍽퍽하지 않고 한층 부
드러워집니다. 맛 또한 고소하지요."

다이어트 모둠콩밥

화이트빈과 함께 서리태(검은콩)를 넣어 밥을 지으면
다이어트 시 부족해지기 쉬운 단백질, 식이섬유, 아미노산을
풍부하게 섭취할 수 있습니다. 또한 다시마물로 밥을 지으면
감칠맛이 더해져 맛이 더 좋아집니다.

기본 재료

쌀 1½컵

화이트빈(흰 강낭콩) · 서리태(검은콩) ½컵씩

찰기장 ¼컵

다시마물 2½컵

청주 1큰술

※ 다시마물 만드는 법은 24p를 참고하세요.

만드는 법

1 쌀과 찰기장은 각각 씻고 체에 밭쳐 30분 정도 불린다.

2 화이트빈과 서리태는 각각 물에 담가 2시간 정도 불린 다음 물기를 뺀다.

3 전기밥솥에 쌀과 찰기장, 화이트빈, 서리태를 담고 다시마물을 부어 잡곡밥 코스로 밥을 짓는다.

더덕물김치

식초를 넣어 만들자마자 먹어도 맛있고

하루 이틀 정도 숙성시켜 먹으면 더욱 별미인 더덕물김치입니다.

고춧가루 대신 붉은 생고추를 갈아 곱게 거른 다음 국물을 내어 만들어

맛이 훨씬 깔끔하고 시원하답니다.

기본 재료

더덕 1뿌리

양념 재료

홍고추 6개

물 1컵

식초 3큰술

설탕 2큰술

소금 1½작은술

만드는 법

1 더덕은 껍질을 벗기고 0.1㎝ 두께로 얇게 어슷 썬다.

2 홍고추는 꼭지를 떼고 굵게 썰어 믹서에 넣은 다음 분량의 물을 부어 곱게 간다.

  거름망에 면보를 깔고 부어 국물만 받는다. 또는 원액기에 분량의 물과 홍고추를 넣어 짠다.

3 ②에 나머지 양념 재료를 모두 넣고 고루 섞는다.

4 더덕에 양념을 넣고 섞는다. 취향에 따라 바로 먹거나 1~2일 숙성시켜 먹는다.

삼각깻잎전

손은 좀 더 가지만 소를 삼각형으로 만들어

깻잎으로 감싸 맛도 좋고 모양도 예쁜 삼각깻잎전입니다.

소를 만들 때 들어가는 두부는 면보를 이용해 물기를 꼭 짠 다음 넣어야

소에 물기가 생기지 않고 모양도 예쁘게 빚을 수 있습니다.

기본 재료

깻잎 30장, 달걀 3개,

밀가루 · 식용유 적당량씩, 홍고추 약간

소 재료

다진 차돌박이 · 간 소고기 · 두부 · 다진 양파 100g씩

다진 청양고추 1개 분량

양념 재료

간장 3큰술, 배즙 2큰술

청주 · 설탕 · 다진 파 · 꿀 · 참기름 1큰술씩

다진 마늘 1작은술, 후춧가루 약간

만드는 법

1 두부는 면보로 감싸 꼭 짜서 물기를 뺀다.

2 다진 차돌박이와 간 소고기에 분량의 재료를 섞어 만든 양념을 넣고 볶은 후 체에 밭쳐 기름을 제거한다.

3 볼에 ①의 두부와 ②의 고기, 다진 양파와 청양고추를 넣고 고루 치댄다.

4 깻잎은 씻어 물기를 털고 밀가루를 앞뒤로 묻힌다. 여기에 깻잎소를 먹기 좋은 크기의
   삼각형으로 빚어 올린 다음 삼각형으로 접는다.

5 볼에 달걀을 곱게 풀고 ③의 깻잎전을 넣어 달걀물을 입힌다.

6 달군 팬에 식용유를 넉넉히 두르고 삼각 깻잎전을 올린 뒤 동그랗게 썬 홍고추를 올려 앞뒤로 노릇하게 지진다.

연잎영양찰밥
견과류명란젓무침
대파를 곁들인 매콤제육볶음

"은은한 연잎 향이 밴 영양찰밥은 소화가 잘되는 데다 함께 넣은 밤, 단호박, 콩의 맛이 잘 어우러져 남녀노소 누구나 좋아합니다. 특히 소화가 잘되는 찹쌀에 눈 건강에 도움이 되는 안토시안과 비타민 B군을 비롯하여 철, 아연, 셀레늄 등 무기염류를 일반 쌀의 5배 이상 함유한 흑미를 넣어 맛과 영양까지 고려했습니다. 연잎영양찰밥과 함께 먹으면 좋은 견과류명란젓무침은 짠맛과 비린내는 없애고 단맛을 더해 맛을 냈습니다. 다 익힌 돼지고기에 얇게 썬 대파와 양파를 넣어 만든 제육볶음까지 곁들이면, 대파와 양파의 아삭한 식감이 살아 있어 개운하면서도 마치 삼겹살에 파절이를 먹는 것 같은 별미가 됩니다."

연잎영양찰밥

차지면서도 구수한 영양밥에 연잎 향이 은은하게 배

남녀노소 누구나 좋아하는 연잎영양찰밥입니다.

한 번에 많이 지어 냉동보관 해두고 필요할 때마다 찜기에 찌면

갓 지은 밥처럼 맛있게 즐길 수 있습니다.

소풍이나 나들이할 때 도시락으로 싸도 좋고요.

기본 재료

찹쌀 3½컵, 흑미 ½컵

물 3½컵

연잎 4장

청주 · 식용유 1큰술씩

소금 ½큰술

밤 · 단호박 · 콩 약간씩

만드는 법

1 찹쌀과 흑미는 깨끗이 씻고 체에 밭쳐 30분 정도 불린다.

2 전기밥솥에 찹쌀과 흑미, 분량의 물을 붓고 청주, 식용유, 소금을 넣고 휘저은 뒤 밤, 단호박, 콩을 추가해
  압력 코스로 밥을 짓는다.

3 생연잎은 깨끗이 씻어 끓는 물에 삶은 후 식혀 ②의 밥을 적당량 올린 다음 감싼다.

4 김이 오르는 찜기에 ③을 올려 5분 정도 찐다.

견과류명란젓무침

견과류명란젓무침은
시판 명란젓을 흐르는 물에 씻어낸 뒤
올리고당과 매실청, 마늘, 양파, 참기름 등으로
양념한 것입니다.
여기에 한 번 볶은 견과류를 넣어
나트륨은 줄이고 고소한 맛과 영양을 더했답니다.

기본 재료

명란젓 300g

아몬드 · 호박씨 · 해바라기씨 10g씩

양념 재료

편 썬 마늘 1쪽 분량

다진 양파 · 올리고당 1큰술씩

검은깨 · 참기름 ½큰술씩

매실청 ½작은술

만드는 법

1 명란젓은 흐르는 물에 양념을 씻어내고 물기를 뺀 뒤 1cm 길이로 모양대로 썬다.

2 아몬드, 호박씨, 해바라기씨는 팬을 달궈 은근한 불에서 볶는다.

3 볼에 분량의 양념 재료를 모두 넣고 섞은 뒤 명란, 견과류 순으로 넣어 버무린다.

대파를 곁들인 매콤제육볶음

불고깃감으로 아주 얇게 썬 돼지고기에
고추장 양념을 더해 식감이 부드럽고
매콤한 양념이 고루 배어 있어 더욱 맛있는 제육볶음입니다.
제육볶음을 한김 식힌 다음 얇게 썬 대파와 양파를 넣어야
대파와 양파의 아삭한 식감이 살고 향이 어우러져
더욱 맛있습니다.

기본 재료

돼지고기(불고깃감) 300g, 대파 1대, 양파 ¼개, 식용유 1큰술

양념 재료

고추장 1½큰술, 고춧가루·간장·청주·참기름 1큰술씩, 땅콩버터 ½큰술
다진 마늘·다진 생강 1작은술씩

만드는 법

1 돼지고기는 불고깃감으로 준비해 한 장 한 장 떼어놓는다.

2 대파와 양파는 가늘게 어슷 썬다.

3 볼에 분량의 양념 재료를 모두 넣고 섞은 뒤 돼지고기를 넣어 버무려 10분 정도 둔다.

4 달군 팬에 식용유를 두르고 ③을 넣어 볶는다.

5 ④을 한김 식히고 채 썬 대파와 양파를 넣어 버무린다.

취나물구운버섯밥
봄나물진미채무침
전복장

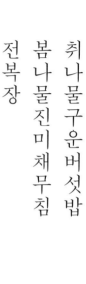

"취나물은 베타카로틴과 비타민 C가 풍부
해 환절기 감기 예방에 도움이 되고, 섬유질
이 많아 변비 예방에도 탁월한 효과가 있습
니다. 피로 회복에 도움이 되는 비타민 B_1이
풍부한 느타리버섯을 넣어 지은 취나물구운
버섯밥은 춘곤증이 심한 봄에 먹기 좋은 한
그릇 영양밥입니다. 여기에 데친 봄나물을
넣고 진미채를 무쳐 곁들이면 다른 반찬이
필요 없답니다. 나른한 봄날, 원기 회복에
도움이 되는 전복장은 단백질과 비타민 A,
칼륨, 콜라겐이 풍부해 체력 향상에 도움을
줍니다."

취나물구운버섯밥

생취나물을 이용해 만들어 식감이 부드럽습니다.

취나물에 따로 간을 해서 밥을 지으면 취나물 국물이 밥에 스며들어

자연스럽게 간이 되고 특유의 향이 더해져 맛있지요.

느타리버섯은 기름을 두르지 않은 팬에 구워서 넣어야

맛이 깔끔합니다.

기본 재료

멥쌀·찹쌀 1½컵씩

물 2½컵

생취나물·느타리버섯 100g씩

취나물 밑간 재료

들기름 1큰술

참치액(또는 맛육수) ½큰술

다진 마늘 ¼큰술

만드는 법

1 멥쌀과 찹쌀은 씻고 체에 밭쳐 30분 정도 불린다.

2 생취나물은 끓는 물에 살짝 데쳐 찬물에 헹군 뒤 물기를 꼭 짜서 볼에 담고 분량의 밑간 재료를 넣어
　 조물조물 무친다.

3 느타리버섯은 팬을 달궈 기름을 두르지 말고 고루 굽는다.

4 전기밥솥에 불린 쌀을 넣고 물을 부은 뒤 밑간한 취나물과 구운 느타리버섯을 올려 백미 코스로 밥을 짓는다.

봄나물진미채무침

감칠맛이 있는 진미채무침은 누구나 좋아하는 밑반찬입니다.
진미채는 김이 오른 찜통에 쪄서 무치면 살균 효과가 있고
식감도 한결 부드러워져 맛있습니다.
여기에 봄 향기가 물씬 나는 냉이와 달래를 넣으면
평범한 밑반찬이 입맛을 돋우는 특별한 별미가 되지요.

기본 재료

진미채(오징어채) 100g

냉이(또는 계절나물) 50g

달래 10g

무침 양념 재료

간장 · 식초 · 고춧가루 2큰술씩

설탕 1½큰술

참기름 1큰술

매실청 · 다진 마늘 · 통깨 ½큰술씩

만드는 법

1 진미채는 김이 오른 찜기에 올려 1분간 찐다.

2 냉이와 달래는 다듬어 씻는다. 냉이 뿌리는 칼등으로 두들겨 부드럽게 만들고,
　달래는 칼등이나 방망이로 뿌리 쪽을 한 번 두드린다.

3 볼에 분량의 재료를 넣고 섞어 무침 양념을 만든 뒤 오징어채와 냉이, 달래를 넣고 버무린다.

전복장

전복을 살짝 쪄서 만드는 전복장은

비린내가 나지 않고 짜지 않아 더 맛있지요.

전복을 찔 때에는 껍질째 손질하고, 찬물부터 쪄서 김이 오르면 바로 꺼내야

비린내가 나지 않으면서 부드러운 식감을 살릴 수 있습니다.

바로 먹는 것보다는 2~4일 숙성시켜 먹으면 훨씬 맛있지요.

기본 재료

전복 10개

간장 양념 재료

물 4컵, 간장 1컵

설탕·청주 ½컵씩

물엿 ¼컵

통후추 1큰술

편으로 썬 마늘 3쪽 분량

청양고추 3개

깻잎 10장

대파 ½대

만드는 법

1 전복은 깨끗이 손질해 껍질째 찜기에 넣고 찬물부터 쪄서 김이 오르면 바로 꺼내 식힌다.

2 냄비에 분량의 간장 양념 재료를 넣고 끓이다가 한소끔 끓으면 불을 끄고 식힌 뒤 체에 밭쳐 물만 받는다.

3 밀폐용기에 전복을 담고 간장 양념을 부어 냉장고에서 2일 정도 숙성시킨다.

4 냄비에 ③의 간장 양념을 따라내서 한소끔 끓이고 식힌 뒤 다시 밀폐용기에 붓고 냉장고에서 숙성시킨다.
　간장이 전복에 스며들 때까지 기호에 따라 2~4일간 숙성시켜 먹는다.

냉이밥
더덕소고기볶음고추장
애호박젓국

"봄기운을 가득 담은 냉이밥은 은은한 냉이
향과 파프리카 향 그리고 고소한 들기름 향
이 어우러진 별미입니다. 다진 소고기와 더
덕, 마늘을 넣어 만든 볶음고추장을 냉이밥
에 비벼 먹으면 봄철 잃기 쉬운 입맛을 찾
을 수 있습니다. 더덕소고기볶음고추장은
넉넉하게 만들어 냉장고에 보관해두면 든
든한 밑반찬이 되기도 합니다. 달큼하면서
도 시원한 맛이 일품인 애호박젓국에 쑥갓
을 더하면 향이 좋아지고, 붉은 고추를 조
금 썰어 넣으면 칼칼한 매운맛이 돌아 입맛
을 돋웁니다."

냉이밥

겨울철 냉이는 잎이 풍성한 반면
봄철 냉이는 뿌리가 굵지요. 냉이의 굵은 뿌리는
향은 좋지만 식감은 거친 편인데,
들기름에 살짝 볶아 밥을 지으면 부드러워져 먹기 좋습니다.
색이 고운 빨강·노랑 파프리카를 곁들이면
보기에도 좋고 달고 개운한 맛을 더할 수 있습니다.

기본 재료

멥쌀 2컵
찹쌀 1컵
냉이 100g
다시마 물 3컵
빨강·노랑 파프리카 ½개씩
들기름 2큰술

만드는 법

1 멥쌀과 찹쌀은 씻고 체에 밭쳐 30분 정도 불린다.

2 냉이는 끓는 물에 살짝 데치고 찬물에 헹궈 물기를 꼭 짜고 먹기 좋은 크기로 썬다.
　달군 팬에 들기름을 두르고 살짝 볶는다.

3 파프리카는 반으로 갈라 씨를 빼고 먹기 좋은 크기로 네모지게 썬다.

4 전기밥솥에 불린 쌀을 넣고 다시마물을 부은 뒤 볶은 냉이와 파프리카를 얹고 백미 코스로 밥을 짓는다.

더덕소고기볶음 고추장

볶음고추장에 넣는 소고기는 간 것보다는 굵게 다진 것을 넣으면

먹을 때 씹는 맛이 느껴져 더욱 맛있게 즐길 수 있지요.

또 강장 효과가 있는 더덕을 넣으면 봄철 춘곤증을 이겨내는 데 도움이 됩니다.

더덕에 고추장을 더하면 더덕의 쓴맛이 없어지고

찬 성질을 중화하므로 궁합이 잘 맞습니다.

기본 재료

다진 소고기 300g

깐 더덕 100g

마늘 10쪽

식용유 1큰술

소고기 밑간 재료

간장·설탕 1큰술씩

청주·다진 마늘 ½큰술씩

고추장 양념 재료

고추장 600g, 설탕·올리고당 50g씩

매실청 30g

만드는 법

1 볼에 다진 소고기를 담고 분량의 밑간 재료를 넣어 조물조물 무쳐 10분 정도 잰다.

2 더덕은 0.5㎝ 두께로 편으로 어슷하게 썰고, 마늘도 더덕과 같은 두께로 편 썬다.

3 달군 팬에 식용유를 두르고 더덕과 마늘을 넣어 볶다가 ①의 소고기와 고추장 양념 재료를 넣고
  약한 불에서 색이 나게 볶는다.

애호박젓국

만들기 쉽지만 달큰하면서도 시원해 누구나 좋아하는 애호박젓국입니다.
소금이나 간장 대신 새우젓과 참치액으로 간을 맞춰 감칠맛이 좋지요.
취향에 따라 쑥갓과 홍고추, 참기름을 더하면 더욱 맛있게 먹을 수 있어요.

기본 재료

애호박 ½개

연두부 ½모

느타리버섯 50g

마늘 1쪽

다시마물 6컵

새우젓·참치액(또는 맛육수) ½큰술씩

쑥갓·홍고추·참기름 약간씩

※ 다시마물 만드는 법은 24p를 참고하세요.

만드는 법

1 애호박은 반으로 갈라 반달 모양으로 편 썬다.

2 연두부는 사방 1.5㎝ 크기로 깍뚝 썬다.

3 느타리버섯은 한 가닥씩 찢어 놓는다.

4 마늘은 편으로 썰어 채 썰고, 홍고추는 어슷하게 썬다.

5 냄비에 다시마물을 붓고 애호박, 연두부, 느타리버섯을 넣어 애호박이 익을 때까지 끓이다가
  새우젓과 참치액으로 간한 뒤 편 썬 마늘을 넣고 한소끔 끓으면 불을 끈다.

6 ⑤에 쑥갓과 홍고추, 참기름을 넣는다.

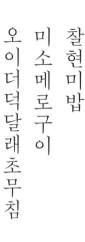

찰현미밥
미소메로구이
오이더덕달래초무침

"현미의 쌀눈에는 탄수화물 외에도 각종 비타민이 풍부하고 질 좋은 단백질, 지방, 칼슘, 마그네슘 등도 풍부합니다. 무엇보다 섬유질이 풍부해 장벽을 자극하고 장의 연동운동을 촉진해 변비를 없애지요. 또 현미의 피틴산은 중금속을 흡착해 밖으로 내보내는 효과가 뛰어나 미세먼지가 심한 봄철에 더욱 잘 어울립니다. 곁들여 먹으면 좋은 미소메로구이의 메로를 구울 때에는 미소된장을 베이스로 만든 양념장을 발라 5시간 이상 재두었다가 씻어 구우면 맛있습니다. 여기에 매콤하면서 향이 좋은 오이더덕달래초무침까지 곁들이면 건강과 입맛을 동시에 잡을 수 있는 상차림이 됩니다."

찰현미밥

찰현미는 향이 구수하고
일반 현미보다 소화가 잘된다는 장점이 있습니다.
현미밥을 지을 때에는 현미를 12시간 이상
충분히 물에 불리는 것이 좋습니다.
다시마물로 밥물을 잡으면 감칠맛을 더할 수 있고,
무즙과 청주를 넣어 밥을 지으면 잡내를 없애고
단맛을 더할 수 있습니다.

기본 재료

찰현미 2컵

현미 1컵

다시마물 3컵

무즙 1큰술

청주 ½큰술

※ 다시마물 만드는 법은 24p를 참고하세요.

만드는 법

1 찰현미와 현미는 씻고 12시간 이상 물에 불려 체에 밭친다.

2 전기밥솥에 ①을 넣고 다시마물을 부은 뒤 무즙, 청주를 섞어 현미 코스로 밥을 짓는다.

미소메로구이

메로는 기름기가 많아 양념이 쉽게 배지 않는데,

5시간 이상 오래 재면 속살까지 은은하게 양념이 뱁니다.

상에 내기 전에 꿀을 더한 유장을 바르면 달콤한 맛까지 더해져 별미지요.

메로는 두툼하게 썰어 스테이크처럼 구우면 훨씬 맛있게 즐길 수 있답니다.

기본 재료

냉동 메로 400g

검은깨 약간

식용유 2큰술

양념 재료

다시마물 5큰술

미소된장 · 설탕 1큰술씩

맛술 · 청주 ½큰술씩

기름장 재료

간장 · 꿀 · 참기름 1큰술씩

※ 다시마물 만드는 법은 24p를 참고하세요.

만드는 법

1 냉동 메로는 40℃ 정도의 따뜻한 물에 담가 해동한 뒤 키친타월로 물기를 닦아 볼에 담고
   분량의 재료를 섞어 만든 양념을 고루 발라 5시간 이상 잰다.

2 달군 팬에 식용유를 두르고 ①의 메로를 올려 앞뒤로 살짝 색이 나도록 구운 뒤 중약불로 줄여
   뭉근한 불에서 속까지 익힌다.

3 간장과 참기름을 섞어 만든 기름장에 꿀을 넣어 녹인 뒤 ②에 발라 접시에 담은 뒤 검은깨를 뿌린다.

오이더덕달래 초무침

아삭한 오이와 은은한 향의 더덕과 달래,

매콤하면서도 새콤한 양념의 조합은 한국인이라면 누구나 좋아할 만하지요.

오이는 아삭한 식감을 위해 따로 밑간을 하지 않고 도톰하게 썰어주세요.

상에 내기 전에 초양념장을 넣어 버무려야 채소의 숨이 죽지 않고 향도 그대로 유지됩니다.

기본 재료

오이 1개

더덕 60g

달래 30g

참기름 1큰술

통깨 ½큰술

굵은소금 약간

초양념장 재료

고추장 3큰술

고춧가루 1⅓큰술

설탕 · 올리고당 · 식초 · 매실청 1큰술씩

다진 마늘 2작은술

만드는 법

1 오이는 굵은소금으로 껍질을 문질러 씻은 뒤 반으로 길게 갈라 어슷하게 썬다.

2 더덕은 껍질을 벗기고 0.5㎝ 두께로 어슷하게 썬다.

3 달래는 다듬고 씻어 3㎝ 길이로 썬다.

4 볼에 오이와 더덕, 달래를 담고 분량의 재료를 섞어 만든 초양념장을 넣어 버무린 뒤
   먹기 직전에 참기름, 통깨를 넣고 섞는다.

봄나물밥
꽃게무침
국물주꾸미불고기

"5월이면 아직 봄나물이 한창이죠. 싸고 맛
있는 봄나물을 이용해 밥을 지어봅니다. 특
유의 향이 진한 나물인 두릅은 밥을 지어 먹
어도 별미예요. 5월이 제철인 꽃게는 보통
찌개나 찜으로 많이 먹는데, 가장 싱싱할 때
이니 무침으로 먹으면 봄철 달아난 입맛을
살리는 데 도움이 됩니다. 오이와 미나리 등
을 더하고 매콤하면서도 새콤달콤한 양념장
을 넣어 버무리면 돼서 생각보다 만들기 쉽
답니다. 주꾸미는 타우린이 풍부해 눈 건강
에 이롭고 혈중 콜레스테롤 수치와 중성지
방 농도를 낮춰주어 동맥경화 예방에도 도
움이 됩니다."

봄나물밥

두릅밥을 지을 때 두릅은 준비한 분량의 절반 정도만 밥에 넣고
절반은 데쳐서 마지막에 밥과 섞으면 두릅 특유의 향과 식감이 살아나요.
표고버섯을 넣으면 감칠맛도 더할 수 있고 식감도 쫄깃해 훨씬 맛있습니다.

기본 재료

멥쌀 3컵

찹쌀 1컵

두릅 200g

불린 표고버섯 3개

다시마(5×5㎝) 2장

들기름 2큰술

맑은 액젓(또는 꽃게액젓) 1큰술

물 4컵

소금 약간

만드는 법

1 멥쌀과 찹쌀은 씻고 체에 밭쳐 30분 정도 불린다.

2 두릅은 손질해 절반만 덜어 소금을 약간 넣은 끓는 물에 데치고 찬물에 헹군 뒤
   물기를 짜고 액젓과 들기름을 넣어 버무린다.

3 물에 불린 표고버섯과 다시마를 넣고 1시간 정도 지나면 체에 밭쳐 물만 받는다.

4 ③의 표고버섯을 꺼내 얇게 편 썬다.

5 전기밥솥에 불린 멥쌀과 찹쌀을 넣고 ②에서 남은 두릅과 편 썬 표고버섯을 넣는다.
   ③의 표고다시마물을 부어 백미 코스로 밥을 짓는다.

6 ⑤의 밥에 ②의 두릅을 먹기 좋게 찢어 넣고 섞는다.

꽃게무침

꽃게 요리를 할 때에는 생강을 넣으면 좋아요.

비린내를 잡아주고 일부 세균의 살균 작용도 도와줍니다.

꽃게무침처럼 꽃게를 생으로 요리할 때에는 반드시 급냉한 것을 선택해야 해요.

꽃게를 소주에 버무려 2시간 정도 두었다가 사용하면 살균에 도움이 됩니다.

기본 재료

냉동 꽃게 1kg(4마리), 소주 ½컵

취청오이 1개, 미나리 50g, 청양고추·홍고추·청고추 1개씩, 양파 ½개

굵은 소금 약간

양념 재료

찹쌀풀 ½컵, 고춧가루 5큰술

간장 4큰술, 물엿·다진 파·다진 마늘 3큰술씩

고운고춧가루·설탕 2큰술씩, 맑은 액젓(또는 꽃게액젓)·참기름 1½큰술씩

매실액 1큰술, 다진 생강 1작은술

만드는 법

1 꽃게는 솔로 몸통 껍데기와 다리 사이사이를 깨끗이 문질러 닦는다. 껍데기를 떼고 모래주머니를 제거한 후
   흐르는 물에 씻어 먹기 좋게 잘라 볼에 담고 소주를 부어 냉장실에 2시간 정도 두었다가 꺼내 체에 밭친다.

2 취청오이는 굵은소금으로 껍질을 문질러 씻은 뒤 반으로 길게 갈라 0.5㎝ 두께로 어슷하게 썬다.
   미나리는 손질해 4㎝ 길이로 썰고, 청양고추와 청고추, 홍고추는 얇게 어슷썬다. 양파는 0.5㎝ 두께로 채 썬다.

3 ①의 꽃게를 볼에 담고 분량의 재료를 섞어 만든 양념을 넣어 고루 뒤적인다.
   ②의 채소를 넣고 다시 한 번 버무려 1~2시간 두거나 하루 정도 숙성시킨 뒤 먹는다.

국물주꾸미불고기

칼칼하면서도 감칠맛이 도는 국물주꾸미불고기는

남녀노소 누구나 좋아하는 메뉴입니다.

자박하게 끓인 국물을 밥에 넣고 비벼 먹어도 별미지요.

주꾸미는 먹물을 제거하고 밀가루를 뿌려 문질러 씻은 뒤 끓는 물에 살짝 데쳐서

양념을 넣어 볶으면 냄새가 나지 않고 식감도 부드럽습니다.

기본 재료

주꾸미 300g

대파 1대, 청고추 1개

홍고추 · 양파 ½개씩

팽이버섯 1줌

참기름 1작은술

밀가루 약간

양념 재료

고춧가루 3큰술, 설탕 · 다진 파 · 다진 마늘 · 참기름 1큰술씩

청주 ½큰술, 맑은 액젓(또는 꽃게액젓) · 굴소스 · 다진 생강 1작은술씩

다시마물 ½컵

만드는 법

1 주꾸미는 먹물을 제거하고 밀가루를 뿌려 바락바락 문질러 씻은 뒤 끓는 물에 살짝 데친다.

2 대파와 청고추, 홍고추는 어슷하게 썰고, 양파는 0.5㎝ 두께로 채 썬다.

　팽이버섯은 밑동을 잘라내고 먹기 좋게 가닥가닥 찢는다.

3 냄비에 분량의 양념 재료를 넣고 불에 올려 끓기 시작하면 주꾸미와 채소를 모두 넣고 볶은 후

　마지막에 참기름을 넣는다.

단호박잡곡밥
봄나물골뱅이무침
단호박꽃게탕

"달콤하면서도 부드러운 단호박에 구수한 잡곡을 더해 밥을 지어보세요. 달래장과 같은 양념간장을 만들어 비벼 먹으면 일품요리로도 손색이 없습니다. 단호박의 녹황색은 베타카로틴이 풍부하다는 뜻인데, 점막과 피부를 튼튼하게 하여 감기를 예방하고 피부 미용에 도움을 줍니다. 향긋한 두릅, 돌미나리, 오이 등을 더해 만든 봄나물골뱅이무침은 밥반찬으로도 좋지만 매콤하면서도 상큼해 술안주로도 그만입니다. 마트에서 쉽게 구할 수 있는 데다 조리법도 간단해 갑자기 손님이 오셨을 때 뚝딱 차려내기에도 좋은 메뉴입니다. 제철인 꽃게에 단호박잡곡밥을 만들 때 쓰고 남은 단호박을 넣어 찌개를 끓여보세요. 구수하면서 부드러운 맛이 더해져 의외로 맛 궁합이 좋답니다."

단호박잡곡밥

단호박잡곡밥을 지을 때에는

팥과 콩을 3시간 이상 충분히 불린 후

살짝 삶아 넣어야 식감이 부드럽습니다.

호박 껍질은 과육 이상으로 영양가가 높으므로

솔 등을 이용해 깨끗하게 씻어

껍질째 사용하는 것이 좋습니다.

기본 재료

멥쌀 2컵

찹쌀 1컵

흑미 · 팥 · 검은콩 30g씩

단호박 ¼개

다시마물 3½컵

청주 1큰술

소금 ⅓작은술

※다시마물 만드는 법은 24p를 참고하세요.

만드는 법

1 멥쌀과 찹쌀, 흑미는 씻고 체에 밭쳐 30분 정도 불린다.

2 팥과 검은콩은 3시간 이상 불려 냄비에 담고 10분 정도 삶아 체에 밭친다.

3 단호박은 껍질째 씻은 뒤 씨를 긁어내고 먹기 좋은 크기로 썬다.

4 전기밥솥에 ①의 쌀을 넣고 나머지 재료를 모두 넣어 백미 코스로 밥을 짓는다.

봄나물골뱅이무침

골뱅이무침에 두릅과 돌미나리, 달래와 같은
봄나물을 함께 넣어 무치면 별미랍니다.
평범한 요리가 보다 고급스러운 맛으로 변신하죠.
이때 향이 강한 두릅은 소금을 넣은 물에 살짝 데쳐
먹기 좋은 크기로 찢어 넣는 것이 좋습니다.

기본 재료

골뱅이(통조림) 300g(1통)

두릅 100g

돌미나리 · 달래 50g씩

취청오이 1개

소금 · 굵은소금 약간씩

양념 재료

고춧가루 3큰술

고추장 · 간장 · 설탕 · 유자청 · 2배식초 2큰술씩

물엿 · 다진 마늘 · 깨소금 · 참기름 1큰술씩

맑은 액젓(또는 꽃게액젓) 1작은술

만드는 법

1 골뱅이는 국물을 따라내고 한 번 씻어 먹기 좋은 크기로 썬다.

2 두릅은 소금을 약간 넣은 끓는 물에 살짝 데치고 찬물에 헹군 뒤 먹기 좋게 찢어두고, 돌미나리와 달래는 손질해
  3㎝ 길이로 썬다. 취청오이는 굵은소금으로 껍질을 문질러 씻어 길게 반으로 갈라 어슷하게 썬다.

3 볼에 분량의 재료를 섞어 양념을 만든 뒤 모든 재료를 넣고 고루 버무린다.

단호박꽃게탕

꽃게탕을 끓일 때 단호박을 껍질째 넣으면 영양이 풍부해지는 것은 물론,
부드러운 단맛이 더해져 매운 것을 잘 먹지 못하는 아이들도 맛있게 먹을 수 있습니다.
또한 껍데기와 부러진 다리 등으로 먼저 육수를 내어 요리하면
깊은 맛이 납니다.

기본 재료

꽃게 500g(2마리), 단호박 ¼개, 애호박 ½개, 느타리버섯 50g

청양고추 · 홍고추 1개씩, 대파 ½대, 양파 ½개, 물 8컵

날콩가루 1큰술, 소금 약간

양념 재료

고춧가루 2큰술, 맑은 액젓(또는 꽃게액젓) · 된장 1큰술씩

고추장 · 참치액(또는 맛육수) 1큰술씩, 다진 마늘 · 맛술 ⅓큰술씩, 생강즙 ¼작은술

만드는 법

1 꽃게는 솔로 몸통 껍데기와 다리 사이사이를 깨끗이 문질러 닦는다.
　등딱지를 떼고 모래주머니를 제거한 후 먹기 좋은 크기로 자른다.

2 단호박은 씨를 긁어내고 먹기 좋은 크기로 썬다. 애호박은 반으로 갈라 반달썰기하고,
　느타리버섯은 가닥가닥 나눈다. 고추와 대파는 어슷하게 썰고, 양파는 채 썬다.

3 냄비에 분량의 물을 붓고 손질해둔 꽃게 등딱지와 부러진 다리 등을 먼저 넣고
　강불에서 끓이다가 끓어오르면 중불로 낮춰 10분 정도 더 끓여 육수를 낸다.

4 볼에 분량의 재료를 섞어 양념을 만들어둔다.

5 냄비에 손질한 꽃게, 단호박, 애호박, 느타리버섯, 청양고추, 홍고추, 대파, 양파를 돌려 담고
　육수를 부은 뒤 양념을 풀어 넣는다.

6 ⑤가 끓어오르면 날콩가루를 잘 풀고 재료가 익을 때까지 끓이다 부족한 간은 소금으로 맞춘다.

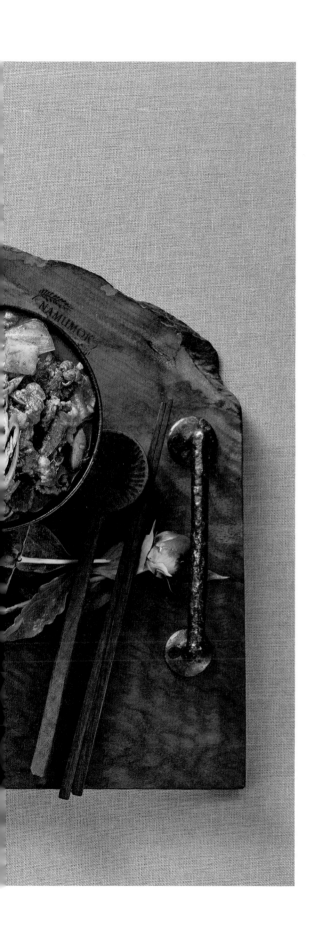

감자보리밥
여름숙채소쌈
애호박차돌고추장바특찌개

"장을 튼튼하게 하는 섬유소가 쌀의 10배 이
상 들어 있어 장의 연동운동을 돕는 보리는
변비를 예방해주어 중장년층에게 더없이 좋
은 식품입니다. 또 본격적으로 여름에 접어
드는 6월이면 시장에 하지감자가 한창 나오
는데요. 감자에 다량 함유돼 있는 칼륨이 체
내 나트륨을 배출해주기 때문에 혈압이 높
은 사람에게 좋고, 이뇨작용이 있어 부기를
빼주는 효과가 있습니다. 감자보리밥을 싸
먹으면 좋은 여름숙채소쌈은 초여름 제철
식재료인 호박잎과 양배추, 꽈리고추, 깻잎
등입니다. 여기에 애호박차돌고추장바특찌
개를 쌈장처럼 곁들이면 더위로 잃은 입맛
을 되찾기에 충분합니다."

감자보리밥

감자보리밥을 지을 때에는 보리쌀을 미리 삶아 넣어야
식감이 부드러워져 소화가 잘됩니다.
또한 밥물로 다시마물을 넣고 들기름 1큰술 정도를 첨가하면
따로 간을 하지 않아도 구수하면서 감칠맛 나는 별미 밥이 완성되지요.

기본 재료

멥쌀 · 보리쌀 1컵씩

감자(중간 크기) 1½개

찬물 3컵, 다시마물 2컵

들기름 1큰술

※ 다시마물 만드는 법은 24p를 참고하세요.

만드는 법

1 멥쌀은 씻고 체에 밭쳐 30분 정도 불린다.

2 보리쌀은 깨끗이 씻어 냄비에 담고 찬물 3컵을 부어 보리쌀이 푹 퍼지도록 삶는다.

3 전기밥솥에 ①과 ②를 담고 껍질 벗긴 감자를 8등분해 넣은 후 들기름과 다시마물을 부어
   백미 코스로 밥을 짓는다.

여름숙채소쌈

채소를 살짝 찐 숙채소쌈은 생채소에 비해 소화가 훨씬 잘되고
들깨를 약간 뿌리면 고소한 풍미를 더할 수 있습니다.
다른 채소에 비해 단단한 꽈리고추는 포크나 이쑤시개를 이용해
군데군데 구멍을 뚫으면 숨이 잘 죽고
들깨의 풍미가 꽈리고추 안쪽까지 스며들지요.

기본 재료

호박잎 · 양배추 · 꽈리고추 · 케일 · 깻잎 적당량씩
들깻가루 약간

만드는 법

1 호박잎과 양배추, 케일, 깻잎은 흐르는 물에 깨끗이 씻어 물기를 턴다.
   꽈리고추는 씻고 포크로 군데군데 찔러 구멍을 낸다.
2 김이 오른 찜기에 ①의 채소를 올려 10분 정도 찐다.
3 ②에 들깻가루를 취향껏 뿌려 먹는다.

애호박
차돌고추장바특찌개

차돌박이와 얇게 썬 소고기, 애호박을 넉넉하게 썰어 넣고 고추장을 풀어 조린
칼칼한 애호박차돌고추장바특찌개는 밥에 올려 슥슥 비벼 먹으면 맛있어요.
혹은 쌈채소 위에 올려 쌈장처럼 활용해도 좋지요.

기본 재료

애호박 1개, 감자 · 양파 ½개씩, 대파 ½대

홍고추 · 청양고추 1개씩, 차돌박이 100g, 얇게 썬 소고기 50g

마른 표고버섯 1개, 마른 새우 12마리, 물 1컵, 식용유 약간

고기 양념 재료

참기름 1큰술, 간장 ½큰술, 다진 마늘 ½작은술, 소금 · 후춧가루 약간씩

찌개 양념 재료

고추장 6큰술, 된장 · 고춧가루 · 다진 마늘 1큰술씩

설탕 · 맑은 액젓(또는 꽃게액젓) ½큰술씩

참치액(또는 맛육수) 1⅓작은술, 물 1컵

만드는 법

1 마른 표고버섯과 새우는 각각 미지근한 물에 불려 잘게 썬다.

2 애호박과 감자, 양파는 깍둑썰기하고 대파와 홍고추, 청양고추는 얇게 어슷 썬다.

3 차돌박이와 얇게 썬 소고기는 먹기 좋은 크기로 네모지게 썬다.

4 분량의 재료를 섞어 만든 고기 양념에 ③의 차돌박이와 소고기를 넣고 고루 버무린다.
　 달군 팬에 식용유를 두르고 양념한 고기를 넣어 볶다가 고기가 얼추 익으면 물을 붓고 끓인다.

5 ④가 팔팔 끓으면 분량의 찌개 양념을 넣고 애호박, 감자, 양파를 넣어 한소끔 끓인다.

6 ⑤에 대파, 고추, 표고버섯, 새우를 넣고 감자가 익을 때까지 끓인다.

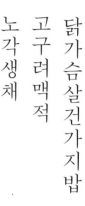

닭가슴살건가지밥

고구려맥적

노각생채

"본격적인 여름을 앞두고 다이어트를 하는 분이 많지요. 닭 가슴살은 지방이 거의 없고 단백질이 풍부해 다이어트 식품으로 인기가 높습니다. 다이어트한다고 닭 가슴살을 매일 먹느라 지겹다면 닭 가슴살에 쫄깃한 식감의 말린 가지를 더해 밥을 지어보세요. 고구려맥적은 지방이 적은 돼지고기 목등심에 된장 양념을 발라 구운 것으로 된장의 풍미와 감칠맛이 어우러진 한국의 전통 요리 중 하나입니다. 닭가슴살건가지밥에는 아삭한 식감이 일품인 노각생채를 곁들이면 좋은데요. 노각생채는 노각을 썰어 설탕과 식초, 소금을 넣고 살짝 절인 뒤 꼭 짜서 양념에 무치면 맛있습니다."

닭가슴살건가지밥

가지의 물컹한 식감을 싫어하는 분들도 많습니다.

그러나 말린 가지를 불려 양념에 무치면 식감이 쫀득해져

가지를 싫어하는 분들도 맛있게 즐길 수 있어요.

말린 가지를 넣어 지은 닭가슴살건가지밥은 담백한 닭 가슴살과

쫀득한 건가지가 어우러져 맛과 영양을 모두 잡은 별미 밥입니다.

기본 재료

멥쌀 1⅓컵, 찹쌀 ½컵

닭 가슴살 200g

말린 가지 100g

다시마물 2½컵

닭 가슴살 양념 재료

청주 · 들기름 1큰술씩

다진 마늘 ½큰술

가지 양념 재료

들기름 1큰술, 맑은 액젓(또는 꽃게액젓) ½큰술

※ 다시마물 만드는 법은 24p를 참고하세요.

만드는 법

1 멥쌀과 찹쌀은 씻고 체에 밭쳐 30분 정도 불린다.

2 닭 가슴살은 어슷하게 포를 떠서 분량의 닭 가슴살 양념을 넣고 버무린 뒤 팬에 올려 살짝 볶는다.

3 말린 가지는 물에 씻어 미지근한 물에 10분 정도 불려 꼭 짜고 분량의 가지 양념을 넣어 고루 버무린다.

4 전기밥솥에 불린 쌀을 담고 다시마물을 부은 뒤 양념한 닭 가슴살과 말린 가지를 올려 백미 코스로 밥을 짓는다.

고구려맥적

된장소스에 돼지고기를 재워서 만드는 전통음식인 맥적입니다.

돼지고기 목등심 특유의 냄새를 제거하고 싶다면 굽기 전에 생강술을 약간 뿌리면 됩니다.

고기 사이 사이에 영양부추와 얇게 채썬 양파와 고추를 참기름에 버무려 넣으면

보기에도좋고 상큼한 채소의 맛과 향이 어우러져 맛이 좋습니다.

기본 재료

돼지고기 목등심 300g

영양부추 50g

양파 ½개, 홍고추 1개, 참기름 1큰술

식용유 약간

돼지고기 밑간 재료

생강술 ½큰술, 소금 · 후춧가루 약간씩

맥적 양념 재료

간장 1½큰술

된장 · 설탕 · 물엿 · 참기름 1큰술씩

미소된장 · 다진 마늘 · 참깨 · 맛술 ½큰술씩

다진 생강 1작은술

※ 생강술 만드는 법은 20p를 참고하세요.

만드는 법

1 돼지고기 목등심은 0.3㎝ 두께로 썰어 생강술, 소금, 후춧가루를 고루 뿌려 밑간한 뒤 10분간 잰다.

2 볼에 분량의 재료를 섞어 맥적 양념을 만든 뒤 ①의 돼지고기에 앞뒤로 바르고 달군 팬에 식용유를 둘러 앞뒤로 굽는다.

3 영양부추는 씻어 3㎝ 길이로 썰고, 양파와 홍고추는 얇게 채 썬다. 모두 볼에 담고 참기름을 넣어 고루 버무린다.

4 ②의 돼지고기 사이사이에 ③의 채소를 넣는다.

노각생채

밥반찬으로도 좋고 비빔밥에 넣어 먹어도 맛있는 노각생채입니다.
생채를 무칠 때에는 대부분 소금만 넣고 절이는데,
소금과 함께 설탕과 식초를 넣고 절이면 나중에 무쳤을 때
새콤달콤하면서도 아삭한 식감을 살릴 수 있습니다.

기본 재료

노각 300g
설탕 · 식초 2큰술씩
소금 ½큰술

무침 양념 재료

고춧가루 1큰술
고추장 · 맑은 액젓(또는 꽃게액젓) · 설탕 · 다진 마늘 · 다진 파 · 깨소금 · 참기름 ½큰술씩

만드는 법

1 노각은 껍질을 벗기고 길게 반으로 갈라 씨를 긁어낸 뒤 얇게 어슷 썰어 볼에 담고
   설탕과 식초, 소금을 넣어 10~15분간 절인 다음 물기를 꼭 짠다.
2 볼에 분량의 재료를 넣고 섞어 무침 양념을 만든다.
3 노각에 양념을 넣고 고루 버무린다.

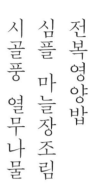

전복영양밥
심플 마늘장조림
시골풍 열무나물

"전복과 은행, 대추, 다시마물을 넣고 들기름을 둘러 영양밥을 지으면 여름 보양식으로 더없이 좋습니다. 심플 마늘장조림은 고기에 간장 양념을 해서 끓이는 것이 아니라, 푹 삶은 고기를 양념한 다음 숙성시켜 짜지 않으면서도 깊은 맛이 나는 밥도둑 반찬이에요. 전복과 소고기의 칼슘과 인이 조화를 이뤄 자양강장 효능이 더해진 전복영양밥에 심플 마늘장조림을 곁들이면 무더위에 지친 몸에 보양식으로 그만입니다. 열무를 데쳐 된장 양념에 버무려 곁들이면 맛과 영양적인 면에서도 궁합이 좋습니다."

전복영양밥

전복영양밥은 들기름의 고소한 맛과 전복의 쫄깃한 식감이 어우러져
별다른 반찬 없이 오이지만 곁들여 먹어도 맛있습니다.
전복죽을 할 때에는 내장을 사용하지만, 이 전복영양밥에는 내장을 넣지 않고
살만 발라 썰어 넣어 비린 것을 싫어하는 아이들도 맛있게 먹을 수 있어요.

기본 재료

전복(중간 크기) 2개

찹쌀 · 멥쌀 1컵씩

은행 10알

대추 5알

다시마물 2컵

들기름 2큰술

청주 1큰술

소금 ¼작은술

식용유 약간

※ 다시마물 만드는 법은 24p를 참고하세요.

만드는 법

1 찹쌀과 멥쌀은 씻어 체에 밭쳐 30분 정도 불린다.

2 전복은 내장을 빼고 살만 발라 이빨을 잘라내고 어슷하게 편으로 썬다.

3 은행은 팬을 달궈 식용유를 약간 두르고 볶아 껍질을 벗긴다.

4 대추는 씨를 빼고 적당한 크기로 썬다.

5 달군 냄비에 들기름을 두르고 찹쌀과 멥쌀을 볶은 다음 전기밥솥에 넣고 전복, 은행, 대추, 다시마물, 청주,
　소금을 넣어 백미 코스로 밥을 짓는다.

심플 마늘장조림

보통 장조림은 간장을 넣은 양념물에 소고기를 삶지만, 심플 마늘장조림은
소고기를 삶은 후 찢어 마지막에 양념장으로 버무린 후 고기 육수를 넣고
3일 정도 숙성시켜 먹어요. 이렇게 만든 장조림은 만들기도 훨씬 간편하고
짜지 않은 데다 고기도 부드럽습니다.

기본 재료

소고기 우둔(또는 홍두깨살) 400g

대파 ¼대, 알마늘 10쪽

청주 ½큰술

물 6컵

양념장 재료

간장 6큰술, 설탕 3큰술, 꿀 1½큰술

청주·참기름 1큰술씩, 맛술 ½큰술

통후추 약간

소고기 육수 270㎖

만드는 법

1 소고기는 큼직하게 썰어 팔팔 끓는 물에 한 번 데친다.

2 냄비에 삶은 고기와 알마늘을 넣고 고기가 잠길 만큼 분량의 물을 부은 뒤 대파와 청주를 넣고 끓이다가
　끓기 시작하면 중약불로 줄여 끓인다. 알마늘이 어느 정도 익으면 먼저 건져낸 뒤 고기가 부드러워지도록 삶는다.

3 삶은 소고기는 건져 먹기 좋게 결대로 찢어 볼에 담고, 육수는 걸러 따로 담아 식힌 후 기름을 걷어낸다.

4 ③의 소고기 육수 270㎖와 분량의 재료를 섞어 만든 양념장을 냄비에 넣고 끓여 끓기 시작하면
　③의 소고기를 넣고 한소끔 끓인 후 불을 끈다.

시골풍 열무나물

열무로 열무김치가 아닌 나물을 무쳐 먹어도 별미입니다.
양념은 된장을 베이스로 하되, 미소된장을 약간 넣어주면 짠맛은 줄이고
부드러운 감칠맛을 더할 수 있어요. 열무는 여린 것을 준비했다면
살짝만 삶고, 억센 것으로 준비했다면 조금 더 삶아주세요.

기본 재료

열무 200g
소금 약간
물 7컵

양념장 재료

된장 · 참기름 1큰술씩
물엿 · 다진 마늘 · 깨소금 ½큰술씩
미소된장 · 다진 파 1작은술씩, 고춧가루 ½작은술
후춧가루 · 홍고추채 약간씩

만드는 법

1 열무는 깨끗이 손질해 냄비에 물 7컵을 부어 끓으면 소금을 약간 넣고 무르도록 삶은 뒤
  찬물에 헹구고 꼭 짜서 먹기 좋은 크기로 썬다.
2 분량의 재료를 섞어 양념장을 만든다.
3 볼에 열무를 담고 ②의 양념장을 넣어 고루 버무린다.

녹두단호박백숙
찹쌀누룽지죽
오이파프리카무침

"여름철 보양식으로 빼놓을 수 없는 백숙은
체질에 따라 식재료를 달리 넣는 것이 좋아
요. 따뜻한 성질을 지닌 인삼과 닭고기는 함
께 먹으면 신진대사를 촉진하고 영양을 보
충해주기 때문에 지친 몸에 기운을 북돋웁
니다. 하지만 체질적으로 열이 많은 사람은
인삼보다는 차가운 성질인 녹두를 더하는
것이 속열을 다스리는 데 도움이 되고 맛도
훨씬 구수해요. 녹두단호박백숙 국물에 찹
쌀누룽지를 넣어 끓이면 역시 별미입니다.
된장으로 맛을 낸 오이파프리카무침은 아삭
한 오이와 파프리카의 식감이 어우러져 여
름철 입맛을 돋우기에 좋습니다."

녹두단호박백숙

녹두를 삶아 껍질까지 그대로 넣어 먹으면
식이섬유를 풍부하게 섭취할 수 있습니다.
백숙에 들어가는 생닭은 향신채와 청주를 넣은 물에 살짝 데쳐 사용해야
누린내가 제거될 뿐만 아니라 국물도 한결 깨끗하고 시원한 맛이 납니다.

기본 재료

생닭 1.2~1.5kg
녹두 1컵
단호박 ¼개
부추 100g
물 15컵(3ℓ)
참치액(또는 맛육수) 2큰술, 맑은 액젓(또는 꽃게액젓) 1큰술
소금 1작은술

닭 데침 물 재료

물 15컵(3ℓ)
대파 · 양파 · 생강 · 마늘 · 청주 약간씩

만드는 법

1 냄비에 닭을 담고 닭 데침 물 재료를 넣어 끓이다가 끓기 시작하면 강불에서 3분 정도 더 끓인 뒤 닭을 꺼내
  찬물에 씻는다.
2 단호박은 껍질째 깨끗하게 씻어 씨를 긁어내고 먹기 좋게 썬다.
3 냄비에 씻은 닭을 담고 물, 녹두를 넣어 닭이 익을 때까지 끓이다가 단호박을 넣는다. 단호박이 익으면
  불을 끄고 부추는 썰지 말고 통째로 넣어 국물에 적셔 숨을 죽인다.
4 참치액과 맑은 액젓, 소금으로 간하고 그릇에 옮겨 담는다.

찹쌀누룽지죽

찹쌀에 간장과 참기름, 소금을 넣고 밥을 지어 만든 누룽지예요.

식용유에 튀기듯 지져낸 찹쌀누룽지는 그냥 먹어도 고소하고 맛있지만,

백숙과 같은 국물 요리에 넣어 끓이면 구수하면서도

쫄깃한 식감이 마치 중식의 누룽지탕 같은 맛도 납니다.

녹두단호박백숙을 끓인 후 그 육수로 누룽지죽을 끓여드시면 별미입니다

기본 재료

찹쌀 · 물 2컵씩

맛간장 1⅓큰술

참기름 1큰술

소금 1작은술

식용유 적당량

녹두단호박백숙 육수 6컵

※ 맛간장 만드는 법은 26p, 녹두단호박백숙 육수 내는 법은 136p를 참고하세요.

만드는 법

1 찹쌀은 씻어 물에 2시간 정도 불린 후 체에 밭쳤다가 밥솥에 넣고 분량의 물, 맛간장, 참기름, 소금을 넣어
   백미 코스로 밥을 짓는다.

2 ①의 찰밥을 한 번 섞어 한김 빼고 적당량을 퍼서 동글납작하게 빚는다.

3 달군 팬에 식용유를 넉넉히 두른 뒤 찰밥을 넣고 주걱으로 눌러 모양을 잡아가며 누룽지를 만든다.

4 노릇하게 눌어붙은 누룽지를 냄비에 담고 녹두단호박백숙 육수를 자작하게 부어 죽을 끓인다.

오이파프리카무침

된장과 미소된장, 고추장을 섞어 만든 양념장을
오이와 파프리카에 넣어 무치면 잃었던 입맛을 찾기에 더없이 좋습니다.
취향에 따라 오이와 파프리카 혹은 오이에
아삭이고추, 양배추 등을 더해도 맛있어요.

기본 재료

오이 2개

빨강 · 노랑 파프리카 ½개씩

참기름 ½큰술

굵은소금 약간

양념장 재료

된장 · 미소된장 · 물엿 · 다진 파 1큰술씩

다진 마늘 ½큰술

고추장 1작은술

만드는 법

1 오이는 껍질째 굵은 소금으로 문질러 씻고 길게 반으로 갈라 먹기 좋게 어슷 썬다. 파프리카는 네모지게 썬다.

2 분량의 재료를 섞어 양념장을 만든다.

3 볼에 오이와 파프리카를 담고 참기름을 넣어 코팅하듯 버무린 후 ②의 양념장을 넣어 버무린다.

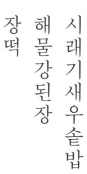

시래기새우솥밥
해물강된장
장떡

"시래기와 새우를 들기름에 달달 볶은 후 다시마와 액젓을 더해 밥을 지으면 구수하면서도 감칠맛이 어우러져 별미입니다. 이 시래기새우솥밥은 그냥 먹어도 맛있지만 말린 홍합과 오징어, 청양고추를 송송 썰어 넣고 해물강된장을 만들어 상추쌈으로 싸 먹으면 더욱 별미입니다. 취향에 따라 강된장에 해산물을 다양하게 넣어보세요. 단백질을 풍부하게 섭취할 수 있어 여름철 체력을 보강하는 보양식으로 손색이 없습니다. 여기에 채소와 해물, 고추장과 미소된장을 넣어 부친 장떡을 곁들이면 더욱 푸짐한 상차림이 됩니다."

시래기새우솥밥

시래기와 무는 들기름을 두른 솥에 먼저 넣어 달달 볶은 후

밥을 지으면 구수한 들기름 맛이 시래기와 무에 스며들어 맛있습니다.

솥밥으로 지으면 살짝 눌어붙은 누룽지까지 생겨 구수한 맛이 배가되지요.

또한 취향에 따라 새우나 전복과 같은 해산물을 곁들이면

맛도 영양도 업그레이드할 수 있습니다.

기본 재료

멥쌀 2컵

불린 시래기 · 무 · 칵테일 새우 100g씩

들기름 2큰술

청주 1큰술

맑은 액젓(또는 꽃게액젓) 1작은술

다시마 3×3㎝ 1장

물 2½컵

만드는 법

1 쌀은 씻고 10분 정도 물에 불려 체에 밭친다.

2 불린 시래기는 물기를 꼭 짜서 먹기 좋은 크기로 썰고 무는 손가락 굵기로 채 썬다.

3 두꺼운 냄비에 들기름을 두르고 시래기와 무를 넣어 볶다가 쌀과 물, 청주, 맑은 액젓, 다시마를 넣고
   마지막으로 새우를 올려 뚜껑을 덮고 강불에서 끓인다.

4 ③이 끓어오르면 중불에서 끓이다 물이 자작해지면 약불로 줄여 뜸을 들인다.

해물강된장

시래기새우솥밥에 넣어 비벼 먹거나 쌈장처럼 먹어도 별미인
해물강된장입니다. 말린 홍합을 불려서 넣으면 쫄깃한 식감이 좋아요.
해물강된장은 끓이면서 잘 타기 때문에 바닥이 두꺼운 냄비를 이용해
조리하고, 저어가며 끓여야 해요.

기본 재료

건홍합 30g

오징어 ⅓마리

청양고추 2개

양파 · 홍고추 1개씩

대파(흰 부분) ½대

된장 2큰술

미소된장 · 고추장 · 물엿 1큰술씩

고춧가루 ½큰술

설탕 1작은술

다진 마늘 ½작은술

쌀뜨물 1컵

만드는 법

1 건홍합은 물에 불리고 오징어는 사방 1.5㎝ 길이로 썬다.

2 양파는 오징어 크기로 썰고 대파와 청양고추 · 홍고추는 1.5㎝ 길이로 송송 썬다.

3 바닥이 두꺼운 냄비에 모든 재료를 넣고 강불에서 끓이다가 끓기 시작하면 중불로 줄여
　바특해질 때까지 저어가며 끓인다.

장
떡

채소와 해물을 함께 지져 만드는 장떡이에요.

깻잎을 넣어 은은한 향이 좋고, 밀가루와 함께 찹쌀가루를 약간 넣으면

더욱 쫄깃하고 고소한 맛을 즐길 수 있지요. 양념으로는 고추장과 함께

된장을 넣어주면 구수하면서도 감칠맛을 더해줄 수 있어요.

기본 재료

부추 100g

양파 · 알새우 살 · 밀가루 50g씩

깻잎 · 찹쌀가루 20g씩

물 ½컵

참기름 1큰술, 식용유 · 들기름 적당량씩

양념 재료

고추장 1큰술

된장 ½큰술

설탕 ½작은술

물 약간

만드는 법

1 부추는 1.5㎝ 길이로 썰고, 깻잎과 양파는 1㎝ 크기로 채 썬다.

2 알새우 살은 참기름을 넣어 버무린다.

3 볼에 분량의 재료를 넣고 섞어 양념을 만든 뒤 ①과 ②, 밀가루, 찹쌀가루, 물을 넣고 고루 섞어 반죽한다.

4 달군 팬에 식용유와 들기름을 1:1로 넉넉하게 두른 다음 반죽을 한 숟가락씩 떠 넣고
   알새우를 하나씩 올려 앞뒤로 노릇하게 지진다.

5 ④를 깻잎 위에 하나씩 올려 접시에 담는다.

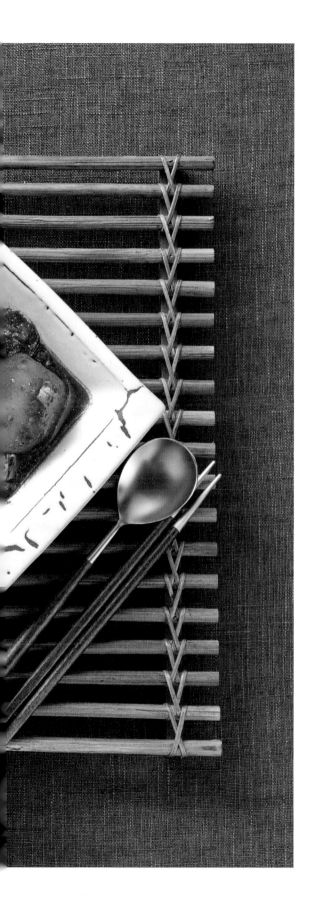

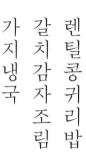

렌틸콩귀리밥
갈치감자조림
가지냉국

"요즘 인기 높은 슈퍼푸드 중 하나인 렌틸
콩은 양질의 단백질과 비타민, 무기질, 식이
섬유가 풍부한 영양 식품입니다. 귀리 역시
단백질, 필수아미노산, 수용성 섬유질이 풍
부해 밥에 넣어 먹으면 좋습니다. 렌틸콩귀
리밥은 다이어터를 위한 밥으로도 좋고, 당
뇨나 고혈압을 앓는 중장년에게도 추천하고
싶은 영양밥 중 하나입니다. 여기에 제철인
하지 감자를 넉넉하게 넣고 조린 갈치감자
조림과 열을 내려주는 가지를 넣고 만들어
시원한 국물이 일품인 가지냉국을 더해 한
상 차리면 무더위에 잃기 쉬운 건강과 입맛
을 동시에 잡을 수 있습니다."

렌틸콩귀리밥

렌틸콩은 변비 예방에도 도움이 되고,
콜레스테롤을 낮추고 혈당 조절을 도와주므로
당뇨병 식단에도 적합하지요.
렌틸콩과 귀리는 30분 정도 불려 사용하고,
청주와 다시마를 더해 밥을 지으면
렌틸콩 특유의 비린 맛을 잡아주면서
감칠맛을 더할 수 있습니다.

기본 재료

멥쌀 1컵
렌틸콩 · 귀리 ½컵씩
청주 ½큰술
다시마 3×3㎝ 1장
물 1½컵

만드는 법

1 쌀과 렌틸콩, 귀리는 씻고 체에 밭쳐 30분 정도 불린다.
2 전기밥솥에 ①을 넣고 물을 부은 후 청주, 다시마를 넣어 잡곡밥 코스로 밥을 짓는다.

갈치감자조림

갈치조림에는 무를 넣는 경우가 많지만 감자를 넣어도 별미예요.

또 갈치조림을 더욱 맛있게 만드는 비법 중 하나는 볶은 멸치를 올리는 것인데요.

볶은 멸치에서 감칠맛이 나 국물도 맛있어지고,

국물과 함께 멸치를 밥에 올려 먹어도 맛있답니다.

기본 재료

갈치 400g

감자(중간 크기) 2개, 양파 ½개

볶은 멸치(대멸치) 10g

청고추 · 홍고추 2개씩, 꽈리고추 6개, 대파(흰 부분) ¼대

양념장 재료

고춧가루 4큰술, 간장 3큰술

물엿 · 맑은 액젓(또는 꽃게액젓) · 설탕 · 마늘 · 식용유 1큰술씩

청주 · 맛술 ½큰술씩

후춧가루 ½작은술, 다진 생강 약간, 쌀뜨물 1컵

만드는 법

1 갈치는 깨끗이 손질해 먹기 좋은 크기로 토막 낸다.

2 감자는 0.7㎝ 두께로 썰고, 양파도 0.7㎝ 두께로 반달썰기 한다. 청고추와 홍고추는 어슷하게 썰고,
   꽈리고추는 포크로 군데군데 구멍을 낸다. 대파는 5cm 길이로 잘라 반으로 가른다.

3 분량의 재료를 섞어 양념장을 만든다.

4 두꺼운 냄비에 감자를 깔고 갈치를 겹치지 않게 올린 후 볶은 멸치와 양념장을 골고루 올려 끓인다.

5 한소끔 끓으면 중불로 줄이고 양파와 청고추, 홍고추, 꽈리고추, 대파를 넣어 다시 한소끔 끓으면
   국물을 끼얹어가며 자작하게 조린다.

가
지
냉
국

가지는 포크를 이용해 군데군데 구멍을 낸 뒤 찜기에 찌면 10분 정도만 쪄도
속까지 골고루 잘 익어요. 가지냉국을 시원하게 먹으려면, 국물은 미리 만들어
냉장고에 차게 두고 찐 가지를 식혀 양념한 다음 국물을 부어 바로 상에 내면 됩니다.

기본 재료

가지 300g

쪽파 20g

홍고추 · 청양고추 ½개씩

구운 소금 · 참기름 약간씩

국물 재료

식초 4큰술

설탕 3큰술

간장 1큰술

액젓 · 구운 소금 ⅓작은술씩

다시마 5×5cm 1장

물 2컵

만드는 법

1 가지는 반으로 길게 잘라 포크로 군데군데 구멍을 낸 뒤 김이 오른 찜기에 넣고 10분 정도 강불에서 찐다.

2 분량의 재료를 섞어 국물을 만든 뒤 냉장고에 넣어 차게 둔다.

3 찐 가지는 먹기 좋은 크기로 찢어 볼에 담고 구운 소금과 참기름을 약간 넣어 조물조물 버무린 뒤
  냉장고에 넣어 차게 둔다.

4 쪽파는 파란 부분만 0.5cm 길이로 송송 썰고, 홍고추와 청양고추도 송송 썬다.

5 그릇에 가지를 올리고 국물을 부은 다음 송송 썬 쪽파와 고추를 올려 낸다.

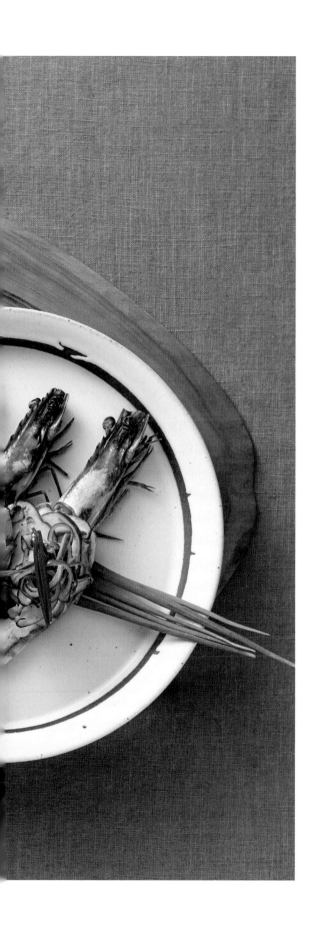

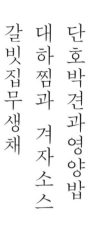

단호박견과영양밥
대하찜과 겨자소스
갈빗집무생채

"단호박견과영양밥은 단호박의 달콤하고 부드러운 맛에 고소하고 식감이 좋은 견과류를 더해 맛과 건강의 밸런스를 고루 맞춘 메뉴입니다. 찹쌀과 함께 배변활동에 도움이 되는 찰현미와 흑미를 더해 톡톡 터지는 식감도 좋지요. 대하에 채 썬 오이와 표고버섯, 홍고추, 겨자소스를 곁들여 먹는 대하구이는 중식의 오향장육처럼 담백한 맛의 대하와 새콤하면서도 매콤한 겨자소스, 아삭한 채소가 어우러진 별미입니다. 먹기 직전에 버무리면 훨씬 맛있는 갈빗집무생채는 깔끔하고 상큼한 맛이 좋아 기름이 많은 음식과 함께 곁들여도 좋은 메뉴 중 하나입니다."

단호박견과영양밥

단호박을 손질할 때 꼭지 부분을 육각형으로 잘라낸 다음
찔 때 뚜껑처럼 덮으면 좀 더 쉽게 익을 뿐만 아니라 풍미도 좋아집니다.
단호박 속을 파낼 때에는 씨만 파내고 실처럼 부드러운 섬유질은 그대로 두세요.
영양밥의 단맛이 한결 강해지고 풍미도 좋아집니다.

기본 재료

단호박 1개

찹쌀 1컵, 찰현미 40g, 흑미 20g

은행 2~3알

마른 대추 1~2알

호박씨 · 해바라기씨 · 호두 적당량씩

소금 약간

밥물 1⅓컵

만드는 법

1 단호박은 씻고 꼭지 쪽에 육각형으로 칼집을 깊게 넣어 꼭지를 빼낸다.

2 숟가락을 이용해 단호박 속의 씨를 파낸다.

3 찹쌀과 찰현미, 흑미는 씻어서 2시간 정도 물에 불린다.

4 은행은 볶아 껍질을 벗기고 대추는 씨를 빼고 적당한 크기로 썬다. 호박씨와 해바라기씨, 호두는 마른 팬에 볶는다.

5 전기밥솥에 ③의 쌀을 담고 ④의 재료를 모두 넣은 뒤 소금을 약간 넣고 밥물을 부어 백미 코스로 밥을 짓는다.

6 ⑤의 밥을 식혀 ②의 호박에 퍼 담고 꼭지를 덮은 뒤 김이 오른 찜기에 넣어 뚜껑을 덮고 10분간 찐 후
  젓가락으로 찔러 쑥 들어가면 불을 끈다.

대하찜과 겨자소스

미자언니네 시그니처 메뉴 중 하나인 대하찜과 겨자소스입니다.

대하의 담백한 맛과 깔끔한 겨자소스가 잘 어우러진 별미에요.

대하는 너무 오래 찌면 질겨지므로 껍질 색이 빨갛게 변하면 바로 찜기에서 꺼냅니다.

취청오이는 씻은 뒤 껍질만 돌려 깎아 채 썰어 볶으면

색도 곱고 오이의 향도 진해져 대하와 잘 어울리지요.

기본 재료

손질한 대하 400g(3마리)

취청오이 ⅓개, 굵은소금 약간, 표고버섯 2개, 홍고추 1개

식용유 · 소금 · 흰 후춧가루 · 참기름 약간씩

기름장 재료

참기름 · 간장 · 꿀 1작은술씩

겨자소스 재료

간장 · 식초 · 설탕 · 레몬즙 1큰술씩, 매실 2작은술, 연겨자 1작은술

만드는 법

1 대하는 이쑤시개로 등 쪽 내장을 빼내고 몸통 중간 중간 칼집을 넣어 펼친 뒤 김이 오른 찜기에 넣어
　중불에서 찌다가 껍질이 빨갛게 되면 바로 꺼낸다.

2 취청오이는 굵은 소금으로 문질러 씻어 5cm 길이로 썰어 돌려 깎은 뒤 껍질 부분만 곱게 채 썬다.
　달군 팬에 식용유를 두르고 채 썬 오이를 살짝 볶아 소금과 흰 후춧가루, 참기름을 넣어 간한다.

3 표고버섯은 얇게 편 썰고 고추는 얇게 어슷 썬 다음 각각 팬을 달궈 식용유를 두르고 살짝 볶은 뒤
　분량의 재료를 섞어 만든 기름장을 약간 넣어 간한다.

4 찐 대하에 기름장을 발라 접시에 담고 분량의 재료를 섞어 만든 겨자소스와 볶은 채소를 곁들여 낸다.

갈빗집무생채

양념갈비를 싸서 먹으면 별미인 무생채예요.

시판되는 무절임과 달리 무 고유의 향이 살아있어 더욱 맛있습니다.

무를 얇게 채 썰어 식초와 설탕, 소금을 넣고 절여 물기를 짠 후

양념을 넣어 무치면 되니 만들기도 간편하지요.

냉면이나 비빔면 등에 넣어서 먹어도 궁합이 좋습니다.

기본 재료

무 800g

절임 양념 재료

식초 · 설탕 5큰술씩

소금 1큰술

무침 양념 재료

다진 대파 2큰술

맑은 액젓(또는 꽃게액젓) 2작은술

고운 고춧가루 · 다진 마늘 1작은술씩

생강즙 ½작은술

만드는 법

1 무는 두께 0.2㎝, 너비 2㎝로 편썰어 볼에 담고 식초와 설탕, 소금을 섞어 넣고 30분 정도 절인다.

2 분량의 재료를 섞어 무침 양념을 만든다.

3 ①의 무를 체에 밭쳐 물기를 뺀 뒤 볼에 담고 ②의 양념을 넣어 고루 무친다.

마밥
한국식 오이피클
소고기전복조림

"전분 분해효소인 아밀라아제가 무의 3배나 들어 있는 마는 소화를 촉진하고 피로 회복에 도움을 줍니다. 마의 점액은 갈락탄이라는 성분으로, 위 등의 점막을 보호하고 단백질을 효율적으로 소화, 흡수시키는 작용을 합니다. 여기에 새콤하면서도 매콤한 한국식 오이피클을 더하면 입맛을 돋우지요. 늘 먹는 갈비찜이 식상하다면 소고기전복조림을 만들어보세요. 소고기와 전복에 얇게 녹말가루를 뿌리고 튀긴 뒤 고추기름을 넣은 소스에 버무려 내는 별미로, 남녀노소 누구나 좋아하는 메뉴입니다."

마
밥

마는 식초를 탄 물에 담갔다가 사용하면 떫은맛을 제거해줍니다.
마밥에 삭힌 고추장아찌와 홍고추, 액젓 등을 넣어 만든 양념장을 곁들여 비벼 먹으면
칼칼한 맛이 담백한 마밥과 어우러져 별미입니다.

기본 재료

멥쌀 1½컵

찹쌀 ½컵

마 100g

흑임자 ⅓작은술

대추채 약간

밥물 320㎖

식촛물 2컵(물 2컵, 식초 1작은술)

양념장 재료

다진 삭힌 고추장아찌 1개 분량

다진 홍고추 ¼개 분량

액젓 ½큰술

참기름 · 통깨 1작은술씩

만드는 법

1 멥쌀과 찹쌀은 씻고 체에 받쳐 30분 정도 불린다.

2 마는 껍질을 벗기고 사방 2㎝ 크기로 썰어 식촛물에 10분 정도 담갔다가 건져 흐르는 물에 씻는다.

3 전기밥솥에 불린 쌀을 담고 마를 섞은 뒤 밥물을 부어 백미 코스로 밥을 짓는다.

4 마밥에 대추채와 흑임자를 뿌려 그릇에 담고 분량의 재료를 섞어 만든 양념장을 곁들여 낸다.

한국식 오이피클

매콤하면서도 새콤해 입맛을 돋우는 한국식 오이피클은

밑반찬으로 먹기에도 그만이에요. 한국식 오이피클에 사용되는 오이는

조직이 단단한 취청오이를 선택하는 것이 좋고,

씨 부분을 도려내야 국물이 적게 생기고 식감도 아삭하지요.

기본 재료

취청오이 5개

천일염 2큰술

소스 재료

식초 · 설탕 150g씩

편 썬 마늘 3개 분량

홍고추즙(중간 크기) 5개 분량

참기름 1큰술

만드는 법

1 취청오이는 4~5등분 한 뒤 열십자로 갈라 씨를 도려내고 소금에 30분간 절여 채반에 밭치고 물기를 뺀다.

2 볼에 분량의 재료를 넣고 섞어 소스를 만든 뒤 ①의 절인 취청오이를 넣어 고루 버무린다.

3 한국식 오이피클은 3시간 정도 지나면 먹을 수 있고, 냉장보관 하면 3~4일간 두고 먹을 수 있다.

소고기전복조림

소고기와 전복에 녹말가루를 입히고 튀기듯 익혀 소스에 버무려 내면
어른은 물론 아이들도 좋아하지요. 매콤한 소스는 미리 만들어 두었다가 먹기 직전에
소고기와 전복에 버무려 내면 바삭하면서도 따끈해 더욱 맛있게 즐길 수 있습니다.

기본 재료

소고기(안심) 200g

전복 2개

편 썬 마늘 5개 분량

베트남고추 3개

녹말가루 · 식용유 적당량씩

소금 · 후춧가루 · 송송 썬 쪽파 약간씩

소스 재료

간장 · 맛술 2½작은술씩

설탕 1½작은술

청주 · 고추기름 1작은술씩

만드는 법

1 소고기는 한입 크기로 썰어 소금과 후춧가루로 간한 뒤 녹말가루를 앞뒤로 묻힌다.

2 전복은 씻어 손질한 후 살만 발라내 1cm 두께로 사선으로 어슷하게 썰어 녹말가루를 묻힌다.

3 달군 팬에 식용유를 넉넉히 두른 뒤 녹말가루를 묻힌 소고기와 전복을 넣어 튀기듯 지진다.

4 팬에 분량의 소스 재료를 모두 넣고 바글바글 끓으면 마늘과 베트남고추를 넣어 섞는다.

5 ④에 튀긴 소고기와 전복을 넣고 버무려 접시에 담고 송송 썬 쪽파를 뿌려 낸다.

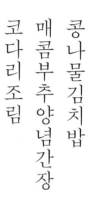

콩나물김치밥
매콤부추양념간장
코다리조림

"콩나물김치밥은 아이부터 어른까지 누구나 좋아하는 영양밥입니다. 새콤하게 익은 김치와 아삭한 콩나물, 담백한 돼지고기가 어우러진 별미지요. 여기에 부추와 고추를 송송 썰어 넣고 만든 양념장을 곁들이면 부추와 고추의 향이 어우러져 더욱 별미입니다. 코다리는 내장을 제거한 명태를 반건조한 것으로, 지방 함량이 낮고 쫄깃한 맛이 좋습니다. 열량이 낮아 다이어트 식품으로도 좋고 맛이 개운하며 메티오닌과 같은 아미노산도 풍부합니다. 무와 함께 감자도 큼직하게 썰어 넣으면 양도 푸짐하고 맛도 좋아요."

콩나물김치밥

콩나물은 밥을 지을 때 넣지 않고 살짝 데쳐 다 지어진 밥에 넣고 섞어야

식감이 좋아집니다. 또 콩나물은 살짝 삶아 바로 찬물에 담가야 질기지 않고 아삭합니다.

콩나물 삶은 물은 버리지 말고 두었다가 밥을 지을 때 넣으면

콩나물 향이 밥에 스며들어 훨씬 맛있어요.

기본 재료

멥쌀 2½컵, 찹쌀 ½컵

김치 150g

돼지고기 120g

콩나물 100g

김치 양념 재료

참기름 ½큰술, 설탕 1작은술, 후춧가루 ¼작은술

돼지고기 양념 재료

간장 · 다진 파 · 참기름 1큰술씩

설탕 · 다진 마늘 ½큰술씩

만드는 법

1 멥쌀과 찹쌀은 섞고 씻어 체에 받쳐 30분 정도 불린다.

2 김치는 속을 털어내고 먹기 좋은 크기로 송송 썰어 분량의 양념 재료를 넣어 버무린다.

3 돼지고기는 식감이 느껴지도록 큼직하게 다져 분량의 양념을 넣어 버무린다.

4 콩나물은 다듬고 씻어 끓는 물에 뚜껑을 열고 살캉살캉하게 데친 다음 찬물에 헹궈 건지고

　콩나물 삶은 물 2컵은 따로 둔다.

5 전기밥솥에 쌀을 담고 콩나물을 뺀 나머지 재료와 ④의 콩나물 삶은 물 2컵을 부어 백미 코스로 밥을 짓는다.

6 ⑤의 밥이 완성되면 데친 콩나물을 넣고 골고루 섞어 양념장을 곁들여 낸다.

매콤부추양념간장

만들기는 쉽지만 맛은 그만인 매콤부추양념간장입니다.

돼지고기가 들어가는 콩나물김치밥 뿐만 아니라 다양한 별미밥에 넣어 먹으면

매콤한 맛이 어우러져 밥을 더욱 맛있게 먹을 수 있지요.

부추는 넉넉하다 싶을 정도로 준비해 잘게 다진 뒤

먹기 직전에 장에 넣어 냅니다.

기본 재료

간장 · 송송 썬 부추 ½컵씩

다진 청고추 · 다진 홍고추 · 고춧가루 · 다진 마늘 · 통깨 1큰술씩

설탕 1작은술

만드는 법

1 볼에 부추를 제외한 모든 재료를 넣고 섞는다.

2 상에 내기 직전에 송송 썬 부추를 넣고 섞는다.

코다리조림

반찬이나 술안주로도 좋은 코다리조림은

양념에 굴소스와 참치액을 넣으면 감칠맛은 물론 풍미도 훨씬 좋아집니다.

코다리 조림을 만들때는 무를 먼저 깔고 코다리를 올려야 무가 잘 익어요.

양념은 반을 먼저 넣고 끓이다가 한소끔 끓으면 나머지 양을

간을 봐가며 넣어야 타지 않고 간도 맞출 수 있습니다.

기본 재료

코다리 2마리

무 · 양파 ¼개씩

멸치육수 2컵

양념 재료

간장 6큰술

고춧가루 5큰술

다진 마늘 · 맛술 · 매실청 · 굴소스 2큰술씩

다진 생강 · 설탕 · 참치액(또는 꽃게액젓) 1큰술씩

만드는 법

1 코다리는 머리와 꼬리, 지느러미를 잘라내고 먹기 좋은 크기로 토막 낸다.

2 무는 1㎝ 두께로 모양대로 동그랗게 썬다.

3 양파는 먹기 좋은 크기로 큼지막하게 썬다.

4 볼에 분량의 재료를 넣고 섞어 양념을 만든다.

5 냄비에 무를 깔고 코다리를 올린 뒤 멸치육수를 붓고 양념의 반을 고루 얹어 한소끔 끓으면 나머지를 넣어
   간을 맞추고 코다리와 무가 익고 국물이 자작해지면 불을 끈다.

고구마콩밥
낙지채소볶음
중멸치깻잎조림

"고구마는 여성을 위한 채소라고 해도 과언
이 아니에요. 비타민 C와 E가 풍부해 피부
미용에 좋고, 암의 원인이 되는 과산화지질
의 생성을 억제해준다고 해요. 또 단면에서
나오는 흰색 점액은 잘라핀이라는 성분인
데, 풍부한 식이섬유로 변을 부드럽게 만들
어주지요. 한창 제철인 낙지로 볶음을 만들
어 고구마콩밥에 곁들여도 좋습니다. 대표
적인 원기 회복 식품인 낙지는 성인병과 콜
레스테롤을 억제하는 효과가 있고 피를 맑
게 해줍니다. 중멸치깻잎조림은 멸치와 양
파, 깻잎이 어우러진 맛도 좋지만 들기름의
고소한 향과 양념에 들어가는 거피하지 않
은 들깻가루의 향과 맛이 어우러져 더욱 별
미지요."

고구마콩밥

제철 고구마를 이용해 밥을 지을 때
다시마물을 넣으면 감칠맛이 더해지고 고구마의 단맛도 배가됩니다.
고구마는 가열할수록 단맛이 강해지기 때문에
약한 불에서 은근히 찌는 것이 좋아요.
밥에 넣어 먹는 강낭콩은 미리 살캉살캉하게 삶아서 넣어야
식감이 부드러워집니다.

기본 재료

멥쌀 2½컵

찹쌀 1컵

고구마 300g

강낭콩(말린 것) 100g

청주 1큰술

다시마물 3컵

※ 다시마물 만드는 법은 24p를 참고하세요.

만드는 법

1 멥쌀과 찹쌀은 섞고 씻어 체에 밭쳐 30분 정도 불린다.

2 강낭콩은 살캉살캉하게 삶아 물기를 뺀다.

3 고구마는 깨끗하게 씻어 껍질째 먹기 좋은 크기로 썬다.

4 전기밥솥에 모든 재료를 넣고 백미 코스로 밥을 짓는다.

낙지채소볶음

개운하면서도 매콤한 맛으로 입맛 돋우기 좋은 낙지 채소 볶음입니다.
낙지는 밀가루를 뿌려 바락바락 주물러 씻어야 특유의 냄새도 제거되고
조리 시 식감도 부드러워집니다. 또 낙지를 볶기 전에 찹쌀가루를 뿌려두면
양념이 잘 배고 국물도 살짝 걸쭉해져 맛이 더 좋습니다.
낙지 양념은 미리 만들어 하루 정도 냉장고에서 숙성시키면 더욱 맛있어집니다.

기본 재료

낙지 3마리

양파 ½개, 애호박 ¼개, 청양고추 · 홍고추 1개씩, 대파 1대

찹쌀가루 1큰술

밀가루 · 식용유 약간씩

양념 재료

고춧가루 4큰술, 고추장 · 다진 마늘 2큰술씩

간장 · 설탕 · 참기름 · 물엿 · 통깨 · 맛술 1큰술씩

땅콩버터 1작은술, 소금 약간

만드는 법

1 낙지는 머리의 먹물을 제거하여 볼에 담은 뒤 밀가루를 뿌리고 바락바락 주물러 씻어
  빨판의 불순물을 제거한 다음 먹기 좋은 크기로 썬다.

2 양파와 애호박, 청양고추, 홍고추, 대파는 먹기 좋은 크기로 썬다.

3 볼에 분량의 양념 재료를 넣고 섞어 하루 정도 냉장실에서 숙성시킨다.

4 ①의 낙지에 찹쌀가루를 뿌려 버무린다.

5 달군 팬에 식용유를 약간 두르고 양파와 애호박, 청양고추, 홍고추, 대파를 넣어 살짝 볶는다.

6 ⑤에 ④의 낙지를 넣고 ③의 양념을 넣어 섞은 후 채소가 익으면 불을 끄고 접시에 담는다.

중멸치깻잎조림

중멸치깻잎조림은 깻잎에 멸치와 채 썬 양파, 양념을 켜켜이 얹은 뒤
팬을 달궈 들기름을 두르고 뚜껑을 덮어 약한 불에서 익혀 만듭니다.
양념에 들깻가루가 들어가는데, 거피 안 한 것을 사용해
들깨 본연의 향과 식감을 살리는 게 포인트지요.

기본 재료

깻잎 70장, 중멸치 40g

양파 ½개

들기름 1큰술

양념 재료

간장 · 들기름 2큰술

거피 안 한 들깻가루 1½큰술

설탕 · 맛술 ⅔큰술씩

얇게 송송 썬 청고추 · 홍고추 1개 분량씩

멸치육수 ½컵

※ 멸치국수 만드는 법은 25p를 참고하세요.

만드는 법

1 접시에 키친타월을 깔고 중멸치를 올린 뒤 전자레인지에 1분 정도 돌린다.

2 양파는 동그란 모양대로 얇게 썬다.

3 분량의 재료를 섞어 양념장을 만든다.

4 냄비에 들기름을 두르고 깻잎을 7~10장 겹쳐 올린 후 멸치, 양파채, 양념을 번갈아가며 올린다.

5 ④의 뚜껑을 덮고 끓기 시작하면 약불로 줄여 8~10분간 찐다.

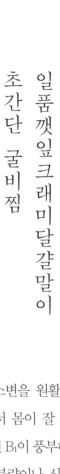

팥밥
일품깻잎크래미달걀말이
초간단 굴비찜

"팥에 들어 있는 사포닌은 소변을 원활하게 내보내는 이뇨 효과가 있어서 몸이 잘 붓는 사람에게 좋습니다. 또 비타민 B_1이 풍부해 피로 해소에 도움이 되고 소화불량이나 식욕부진에도 효과가 있지요. 팥밥과 어울리는 일품깻잎크래미달걀말이는 깻잎과 크래미, 날치알을 넣어 풍미와 식감이 좋아요. 굴비는 찌개, 조림, 찜, 구이 등 다양한 조리가 가능하며, 그냥 쭉쭉 찢어서 먹거나 고추장에 재두었다가 밑반찬으로 사용하기도 좋아요. 양질의 단백질과 비타민 A와 D가 풍부하고 지방질이 적어 소화가 잘되어 어린이나 노인에게도 좋지요. 초간단 굴비찜은 굴비에 생강술을 뿌려 비린내를 제거하고 간장과 꿀, 참기름, 물을 섞어 만든 기름장을 발라 한 번 더 비린내를 없앰과 동시에 감칠맛을 더했습니다."

팥
밥

팥밥을 지을 때에는 소금을 약간 넣는 것이 좋습니다.

소금은 독을 풀고 배변을 부드럽게 하는 팥의 성분을 강화하는 효과가 있으니까요.

팥밥을 할 때에는 첫 번째 삶은 물은 버리고 두 번째 삶은 물은 식혀

밥을 지을 때 같이 넣으면 팥의 향과 풍미를 더욱 진하게 느낄 수 있어요.

기본 재료

멥쌀 1컵

찹쌀 · 팥 · 차조 ½컵씩

물 12컵

소금 약간

만드는 법

1 멥쌀과 찹쌀, 차조는 섞고 씻어 체에 밭쳐 30분 정도 불린다.

2 팥은 깨끗이 씻어 냄비에 담고 물 6컵을 부어 한소끔 끓으면 물을 따라 버린다.

3 ②에 다시 물 6컵을 부어 팥알이 터지지 않을 정도로 삶아 건지고 물은 따로 둔다.

4 전기밥솥에 ①을 담고 삶은 팥, 소금을 넣은 뒤 팥 삶은 물 2½컵을 부어 백미 코스로 밥을 짓는다.

일품 깻잎 크래미달걀말이

일품깻잎크래미달걀말이는 일본식 달걀찜처럼 식감이 부드럽고
맛술과 참치액을 더한 소스를 넣어 감칠맛이 뛰어납니다.
깻잎까지 더해져 더욱 별미지요. 달걀말이에 사용되는 달걀은 풀어
체에 한 번 거르면 식감이 훨씬 부드러워집니다.

기본 재료

달걀 4개

물 2큰술

깻잎 3장

크래미 70g

날치알 5g

식용유 약간

소스 재료

맛술 1큰술

참치액(또는 맛육수) ½큰술

소금 ¼작은술

만드는 법

1 달걀은 곱게 풀어 체에 내리고 분량의 물을 넣어 고루 섞는다.

2 ①에 분량의 소스 재료를 넣어 고루 섞는다.

3 크래미와 날치알은 버무려 깻잎 3장을 겹쳐 펴고 일자로 올린 뒤 말아놓는다.

4 달군 사각 팬에 식용유를 살짝 두르고 ①의 달걀 분량의 ¼을 붓고 ③을 올려 돌돌 만다.
   남은 달걀물을 3회에 나누어 부어가며 같은 방법으로 만다.

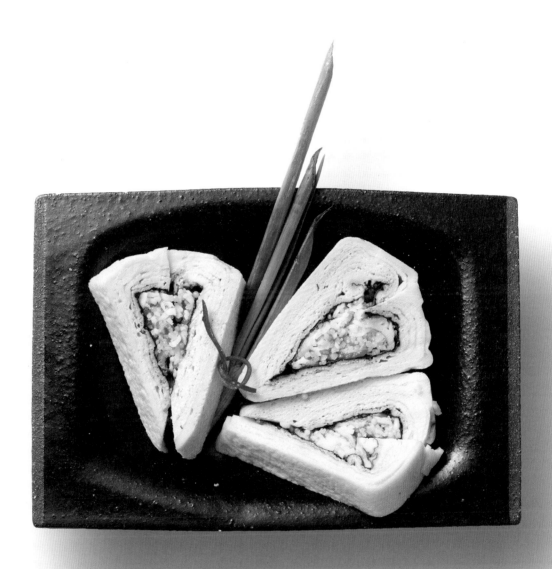

초
간
단

굴
비
찜

찜기에 쪄 살이 부드럽기 때문에 어른뿐만 아니라

아이들 밥반찬으로도 더없이 좋은 메뉴입니다.

찜기에 찌는 것이 번거롭다면 굴비를 내열용기에 담아 랩을 씌우거나

뚜껑을 닫고 전자레인지에 넣어 7분 정도 익혀도 됩니다.

기본 재료

굴비 2마리

생강술 ½큰술

청고추 · 홍고추 ½개씩

마늘 2쪽

통깨 · 참기름 약간씩

기름장 재료

간장 · 참기름 · 꿀 1큰술씩

※ 생강술 만들기는 20p를 참고하세요.

만드는 법

1 굴비는 비늘을 긁어내고 지느러미를 제거한 뒤 손질해 어슷하게 칼집을 넣는다.

2 ①의 굴비에 생강술을 뿌려 10분 정도 잰다.

3 청고추와 홍고추는 채 치고 마늘은 편으로 썬다.

4 분량의 재료를 섞어 만든 기름장을 ②의 굴비에 바르고 채 친 청고추와 홍고추, 편 썬 마늘을 올린 뒤
   통깨와 참기름을 살짝 뿌린다.

5 김이 오른 찜기에 ④를 넣어 10분 정도 찌고 난 후 다시 한번 기름장을 바른다.

현미영양밥
무석박지
구운대파소고기찹쌀양념구이

"현미영양밥은 현미와 함께 흑미와 표고버섯, 새송이버섯, 대추 등을 듬뿍 넣어 면역력을 키우는 영양밥 중 하나입니다. 현미영양밥에 곁들여 먹으면 좋은 무석박지는 무의 시원한 맛을 제대로 살린 김치로 그냥 먹어도 맛있고 익혀 먹으면 더욱 맛있습니다. 구운대파소고기찹쌀양념구이는 구운 대파의 달큼한 맛과 소고기의 담백한 맛이 어우러져 별미입니다. 파의 매운맛을 내는 알리신 성분은 휘발성이 강해 오랜 시간 구우면 매운맛이 줄어들고 대신 단맛은 강해지지요. 아이들이 먹을 파라면 보다 오래 굽고, 파의 매운 맛을 좋아하는 어른이라면 살짝 구워 먹도록 합니다."

현미영양밥

현미는 12시간 정도 불려야 밥을 지었을 때 소화가 잘되고 식감도 부드럽습니다.

생수 대신 다시마물을 넣으면 감칠맛을 더할 수 있지요.

현미와 다시마를 함께 먹으면 탈수증이 왔거나

체력이 심하게 떨어졌을 때 보완하는 효과가 커진다고 해요.

기본 재료

현미 1½컵

찹쌀 ½컵

흑미 1큰술

표고버섯(중간 크기) 4개

새송이버섯 1개

대추 5알

다시마물 2컵

청주 1큰술

※ 다시마물 만드는 법은 24p를 참고하세요.

만드는 법

1 현미는 씻어 12시간 정도 물에 불리고 체에 밭친다.

2 찹쌀과 흑미는 섞고 씻어 30분 정도 물에 불린 뒤 체에 밭친다.

3 표고버섯은 어슷하게 썰고 새송이버섯은 두툼하게 썬다.

4 대추는 씨를 빼고 적당한 크기로 썬다.

5 전기밥솥에 현미와 찹쌀, 흑미를 담고 표고버섯, 새송이버섯과 대추를 올린 후 다시마물과 청주를 부어
　백미 코스로 밥을 짓는다.

무석박지

시원하면서도 아삭한 무석박지를 맛있게 먹기 위해서는
소금과 설탕을 넣고 1시간 정도 절여서 담그는 것이 좋습니다.
이렇게 담근 무석박지는 무의 수분을 빼주고 밑간이 약간 더해져서
양념을 넣고 섞어 바로 먹어도 맛있답니다.

기본 재료

무 1.2kg,

소금 · 설탕 ½큰술씩,

쪽파 5줄기

양념장 재료

고춧가루 · 찹쌀풀(물:찹쌀=10:7) 4⅓큰술씩

맑은 액젓(또는 꽃게액젓) · 설탕 1⅓큰술씩

양파 100g

홍고추 2개

새우젓 1½큰술, 다진 마늘 1큰술

다진 생강 ½작은술

만드는 법

1 무는 두께 1cm, 너비 3×4cm 크기로 썰어 분량의 소금과 설탕을 뿌린 뒤 1시간 정도 절인다.

2 쪽파는 4cm 길이로 썬다.

3 양념장 재료 중 양파, 홍고추, 새우젓을 믹서에 넣고 곱게 갈아 볼에 넣고
  나머지 양념장 재료를 모두 넣어 고루 섞는다. 하루 정도 냉장고에서 숙성시키면 더욱 좋다.

4 ①의 절임물을 따라내고 쪽파를 넣은 뒤 양념을 넣어 고루 버무린다.

구운대파
소고기찹쌀양념구이

도톰하게 썬 소고기에 앞뒤로 젖은 찹쌀가루를 묻힌 다음,

달군 팬에 식용유를 두르고 노릇하게 지지면 고소하면서도 쫀득해

맛있는 구운대파소고기찹쌀양념구이입니다. 대파를 구울 때에는

고운 소금과 후춧가루를 살짝 뿌려 간하면 훨씬 맛있습니다.

기본 재료

소고기(채끝등심) 200g

대파 1대, 젖은 찹쌀가루 · 식용유 적당량씩

소금 · 후춧가루 약간씩

소고기 밑간 재료

간장 · 청주 ⅓큰술씩, 참기름 ½작은술, 후춧가루 ¼작은술

양념장 재료

간장 · 참기름 1큰술씩

꿀 · 다진 파 · 다진 마늘 · 통깨 1작은술씩, 설탕 ½작은술

만드는 법

1 소고기는 0.5㎝ 두께로 큼직하게 포 뜨듯 썰어 쟁반에 담고 분량의 밑간 재료를 고루 섞어 잰다.

2 ①에 젖은 찹쌀가루를 앞뒤로 묻히고 10분 정도 둔다.

3 달군 팬에 식용유를 넉넉히 두르고 ②의 소고기를 넣어 앞뒤로 노릇하게 굽는다.

4 대파는 길이대로 반을 갈라 5㎝ 길이로 썰고 마른 팬을 달군 뒤 앞뒤로 색이 나게 구워 소금과 후춧가루를 뿌린다.

5 분량의 재료를 섞어 양념장을 만든다.

6 접시에 구운 소고기와 구운 대파를 번갈아 올리고 ⑤의 양념장을 뿌려 낸다.

별미 무홍합밥
매생이황태된장국
총각무고추씨피클

"달고 물이 많은 겨울 무와 통통한 홍합 살이 어우러진 무홍합밥은 별다른 반찬 없이 먹어도 맛이 좋은 별미랍니다. 특히 호흡기 면역력 강화에 좋은 무와 단백질이 풍부한 홍합이 어우러져 겨울철 영양식으로도 그만이에요. 여기에 칼슘이 풍부하고 메타오닌 등 아미노산이 풍부해 숙취와 해독에 탁월한 매생이황태된장국을 더하면 담백하면서도 개운하지요. 술자리 많은 남편을 위한 해장국으로도 좋아요. 곁들여 먹는 총각무고추씨피클은 아삭한 식감이 일품인데, 고추씨로 매콤한 맛을 더해 겨울철 잃은 입맛을 살리기에 더없이 좋습니다."

별미 무홍합밥

홍합의 감칠맛과 무의 달콤한 맛이 어우러지고
참기름의 고소한 향까지 더해져
아이들을 위한 영양밥으로도 추천합니다.
겨울 무는 물이 많다 보니 밥을 지을 때에는 두껍게 썰어 넣어야
무의 식감을 살릴 수 있습니다.

기본 재료

쌀 1½컵

생홍합 살 200g, 굵게 채 썬 무 100g

참기름 4큰술

송송 썬 쪽파 약간

밥물 재료

간장 3⅓큰술

설탕 1⅓큰술

청주 1큰술

물 1¼컵

만드는 법

1 쌀은 씻고 체에 받쳐 30분 정도 불린다

2 냄비를 달궈 참기름을 두르고 불린 쌀을 넣고 투명해질 때까지 볶다가 무와 홍합 살을 넣어 살짝 볶는다.

3 전기밥솥에 ②와 쌀, 밥물 재료를 넣고 백미 코스로 밥을 짓는다.

4 그릇에 밥을 퍼 담고 쪽파를 뿌려 낸다.

매생이 황태 된장국

매생이는 검푸른 빛이 돌면서 이물질이 없고

만졌을 때 끈기가 있는 것을 선택하고,

체에 밭쳐 흔들어가며 씻어야 식감이 부드럽고 쓴맛을 없앨 수 있습니다.

또한 맨 마지막에 넣어 한소끔 끓으면 바로 불을 끄고 그릇에 담아야

매생이의 향과 맛을 그대로 즐길 수 있습니다.

기본 재료

매생이 200g

황태채 50g

된장 2큰술

미소된장 · 참치액(또는 맛육수) · 참기름 1큰술씩

물 6컵

만드는 법

1 매생이는 체에 밭쳐 물에 살살 흔들어 씻어 건지고, 황태채는 흐르는 물에 한 번만 씻는다.

2 달군 냄비에 참기름을 두르고 황태채를 넣어 볶다가 물을 붓고 푹 끓인다.

3 ②에 분량의 된장, 미소된장을 체에 밭쳐 풀고 참치액으로 간한다.

4 ③이 끓으면 매생이를 넣고 한소끔 끓인다.

총각무고추씨피클

주로 김치를 담가 먹는 총각무를 이용해 피클을 담아도 별미입니다.

무뿐만 아니라 잎까지 넣으면 더 맛있는데,

총각무는 김치를 담그듯 소금물에 절여 사용하면 단단한 속까지 간을 맞출 수 있지요.

보관하기 전에 배즙을 넣으면 향긋한 단맛이 더해져 더욱 맛있습니다.

기본 재료

총각무 1단(2kg)

물 5컵

소금 80g, 고추씨 50g

소스 재료

물 5컵

식초 · 설탕 2컵씩, 소금 3큰술

맑은 액젓(또는 꽃게액젓) 2큰술, 통후추 1큰술

생강 2톨, 베트남고추 10개

만드는 법

1 총각무는 손질하여 0.5cm 두께로 썰고 잎은 3~5cm 길이로 썬다.

2 볼에 물 5컵을 붓고 소금 80g을 넣어 녹인 뒤 손질한 총각무와 잎을 넣어 1시간에서 1시간 30분 정도 절인 다음 체에 밭쳐 물기를 뺀다.

3 냄비에 분량의 소스 재료를 넣고 소금이 녹을 정도로만 끓인다.

4 끓는 물로 소독한 용기에 총각무와 고추씨를 담고 ③의 뜨거운 소스를 붓고 바로 뚜껑을 닫는다.

5 ④가 완전히 식으면 냉장보관 해두고 다음 날부터 먹는다.

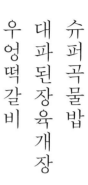

슈퍼곡물밥
대파된장육개장
우엉떡갈비

"갖가지 곡물로 지은 슈퍼곡물밥은 마치 오곡밥처럼 고소합니다. 섬유질이 풍부한 다양한 곡물이 들어가 혈관 질환이나 당뇨를 예방하는 데 도움이 됩니다. 여기에 소고기와 파를 듬뿍 넣어 만든 육개장을 곁들이면 맛과 영양의 궁합도 좋아요. 파에 풍부한 유화아릴은 비타민 B$_1$의 피로회복 효과를 높여주고, 세포를 건강하게 만드는 비타민 C와 세포를 만드는 단백질을 함께 섭취하면 감기를 예방할 수 있습니다. 추위로 체력소모가 많은 겨울철에는 동물성 단백질을 충분히 보충하는 것이 좋아요. 우엉떡갈비는 육류와 궁합이 좋은 우엉과 다진 소고기를 넣고 만들어 맛과 영양의 궁합을 맞췄습니다."

슈퍼곡물밥

현미와 귀리, 차조, 수수, 흑미, 팥, 렌틸콩에 이르기까지
다양한 잡곡을 넣어 다소 퍽퍽할 수 있는 슈퍼곡물밥에 고구마를 깍둑 썰어 넣고
밥을 지어보세요. 단맛이 더해지고 수분감도 생겨 밥의 식감이 훨씬 부드러워집니다.
취향에 따라 고구마 대신 감자를 넣어도 좋습니다.

기본 재료

멥쌀 2컵

현미찹쌀 1컵

귀리 · 차조 · 수수 · 흑미 40g씩

팥 · 렌틸콩 200g씩

고구마 150g

물 4컵

청주 1큰술

소금 ¾작은술

만드는 법

1 멥쌀은 씻고 체에 밭쳐 30분 정도 불린다.

2 볼에 현미찹쌀, 귀리, 차조, 수수, 흑미, 팥, 렌틸콩을 담고 깨끗이 씻고 물에 담가 5시간 이상 불린다.

3 고구마는 껍질째 깨끗이 씻어 깍둑 썬다.

4 냄비에 준비한 재료를 모두 담고 밥을 짓는다. 전기밥솥 사용 시 백미 코스로 밥을 짓는다.

대파된장육개장

대파된장육개장을 만들 때에는 고기와 고사리를 각각 삶아 따로 양념을 해서 끓이면
각 재료 고유의 맛을 그대로 살릴 수 있어요. 또 참기름에 고운 고춧가루를 개어
마지막에 넣어 먹으면 칼칼하면서도 개운한 육개장을 즐길 수 있습니다.

기본 재료
소고기(양지머리) 700g, 통마늘 5쪽, 통후추 1큰술, 매운 말린고추 4~5개, 물 2.5ℓ, 대파 1kg
삶은 고사리 150g, 된장 80g, 참기름 2큰술, 고운 고춧가루 1큰술, 소금 약간
고기 양념 재료 고추기름 2큰술씩, 맑은 액젓(또는 꽃게액젓)·고춧가루 1큰술씩
대파 양념 재료 맑은 액젓 2큰술, 고추기름·고춧가루 1큰술씩
고사리 무침 양념 재료 맑은 액젓·고추기름 1큰술씩
국물 간 재료 참치액(또는 맛육수) 3큰술, 소금 약간

만드는 법
1 소고기는 찬물에 30분 정도 담가 핏물을 뺀 후 솥에 담고 마늘, 통후추, 매운 고추, 분량의 물 2.5ℓ를 넣어
　부드러워질 때까지 1시간 30분 정도 푹 끓인다. 끓인 물은 식힌 뒤 면보에 걸러 육수로 사용한다.
2 푹 익은 소고기는 건져서 결대로 먹기 좋게 찢어 볼에 담고 분량의 재료를 섞어 만든 고기 양념을 넣어 무친다.
3 대파는 다듬고 반으로 썰어 끓는 물에 소금을 약간 넣고 데친다. 건져서 물기를 뺀 뒤
　분량의 재료를 섞어 만든 대파 양념을 넣어 무친다.
4 삶은 고사리는 깨끗이 씻고 반으로 잘라 분량의 재료를 섞어 만든 고사리 무침 양념을 넣고 무친다.
5 참기름에 고운 고춧가루를 넣어 개어 둔다.
6 냄비에 면보에 거른 육수를 2~2.5ℓ 정도 붓고 된장을 푼 뒤 준비한 재료를 모두 넣고
　파가 푹 익을 때까지 끓여 참치액을 넣고 부족한 간은 소금으로 맞춘다.
7 불을 끄고 ⑤를 넣어 섞는다.

우
엉
떡
갈
비

산성인 고기류와 같이 음식을 했을 때 대장암이나 비만 등을
예방할 수 있는 우엉에 다진 소고기와 기름기 있는 다진 차돌박이를 더해 만든
우엉떡갈비는 영양상 궁합이 좋습니다.
또한 식어도 촉촉하고 부드럽게 먹을 수 있다는 것도 장점이에요.

기본 재료
다진 소고기 400g, 다진 차돌박이 200g
우엉 100g, 표고버섯 4개, 양파 1개, 다진 파 · 찹쌀가루 30g씩
식용유 적당량
양념 재료
간장 4큰술, 설탕 2큰술,
참기름 1½큰술, 다진 마늘 · 깨소금 1큰술씩
기름장 재료
간장 · 참기름 · 꿀 1큰술씩

만드는 법
1 볼에 다진 소고기와 차돌박이를 넣고 섞은 뒤 찹쌀가루를 뿌려가며 고루 주무른다.
2 표고버섯은 어슷하게 썰어 식감이 느껴지도록 굵직하게 다지고 양파와 우엉도 식감을 느낄 수 있게 다진다.
3 달군 팬에 기름을 두르고 다진 양파를 넣어 투명한 색이 나게 볶는다.
4 볼에 ①과 ②, ③, 다진 파를 담고 분량의 재료를 섞어 만든 양념을 넣고 끈기 나게 치댄다.
5 ④를 먹기 좋은 크기로 소분해 모양을 빚은 뒤 팬을 달궈 식용유를 두르고 육즙이 빠져나가지 않도록
  강불에서 겉면만 익을 정도로 굽고 약불로 줄여 타지 않게 속까지 익힌다.
6 분량의 재료를 섞어 기름장을 만들어 떡갈비가 따뜻할 때 기름장을 발라 그릇에 담아 낸다.

미자언니네 매일 반찬과 스페셜 메뉴

앞서 사계절 영양밥과 정성 더한 반찬들을 제안했지만 그럼에도 불구하고 빠져 있는 미자언니네 시그니처 메뉴를 담았습니다. 누구나 좋아하는 밑반찬과 국·찌개 요리지요. 또한 남녀노소 한국인이라면 누구나 좋아할 만한 분식 메뉴도 담아보았습니다.

사계절 속에는 오늘만큼은 조금 다른 메뉴로 밥상을 빛내야 할 순간들이 있습니다. 특별한 손님이 집을 방문했을 때가 바로 그렇습니다. 이럴 때 집주인의 센스를 보여줄 수 있는 메뉴가 생각나지 않는다면 미자언니의 레시피를 참고해보세요.

잡채나 떡국, 갈비찜, 전 등은 명절에는 꼭 먹어야 명절 기분이 나는 음식들입니다. 그러나 매번 똑같은 메뉴가 조금은 지겹다고 느껴질 때가 많지요. 기름진 명절 음식을 보다 산뜻하고 특별하게 즐길 수 있도록 미자언니만의 노하우를 더해 만든 명절 음식들도 담아보았어요.

크리스마스는 역시 집에서 가족과 함께할 때 가장 의미가 있습니다. 엄마가 차린 특별한 식탁이 함께라면 더욱 그렇겠죠. 늘 상비되어 있는 냉장고 속 식재료로 만들었지만 크리스마스 파티 분위기를 낼 수 있다면 금상첨화겠죠.

맛깔난 매일 반찬과 분식

"집밥을 맛있고 건강하게 즐기기 위해서 필요한 것이 밑반찬입니다. 윤기가 자르르한 밥과 정성 가득한 밑반찬이면 임금님 진수성찬이 부럽지 않지요. 멸치양념무침이나 두부조림, 오징어불고기와 같이 흔한 메뉴지만 저만의 노하우를 더해 더욱 맛깔난 반찬과 김치찌개와 된장찌개, 황탯국처럼 한국인이면 누구나 좋아하는 찌개와 국 요리를 모았습니다. 여기에 주말 한 끼 뚝딱 해결하기 좋은 미자 언니표 분식메뉴도 담았습니다."

멸치양념무침

고소하고 담백한 멸치와 칼칼한 양념장이 어우러져

냉장고에 두고 먹기 좋은 밑반찬입니다.

보통 식용유를 두른 팬에 멸치와 양념장을 넣고 볶아

밑반찬으로 만드는 경우가 많습니다.

이 멸치양념무침은 기름 없이 볶은 멸치에 양념장을 넣고 무쳐

타지 않고 맛은 한층 깔끔하답니다. 또 식초를 조금 넣으면 짠맛은

덜 느끼게 하고 비린 내를 제거해 줍니다.

기본 재료

대멸치 70g

양념장 재료

맛간장 · 올리고당 · 고운 고춧가루 3큰술씩

설탕 · 다진 파 1큰술씩

식용유 · 다진 마늘 · 참기름 · 통깨 1큰술씩

식초 1~2방울

※ 맛간장 만드는 법은 26p를 참고하세요.

만드는 법

1 멸치는 머리와 내장을 제거한다.

2 식용유를 1큰술 두른 팬에 손질한 멸치를 넣고 중불로 약 3분 정도 볶아 수분을 날린다.

3 분량의 재료를 섞어 양념장을 만든다.

4 ②의 멸치에 ③의 양념장을 넣고 무친다.

아삭이고추된장무침

맵지 않고 아삭한 고추와 싱그러운 오이의 조합이
입맛을 돋우는 반찬입니다. 양념 재료를 섞어
고추와 오이에 섞기만 하면 되니 만들기도 간편하지요.
된장은 콩 질감이 어느 정도 살아 있는 것을 사용하면
훨씬 맛이 좋습니다.

기본 재료

아삭이고추 6개,
오이 1개, 굵은소금 약간

양념장 재료

된장 2큰술, 다진 파 · 물엿 1큰술씩
매실청 · 다진 마늘 · 참기름 ½큰술씩
고춧가루 · 고추장 1작은술씩

만드는 법

1 아삭이고추는 씻어 꼭지를 따 놓는다.

2 오이는 껍질째 굵은소금으로 문질러 씻고 길이로 4등분해 고추 길이로 썬다.

3 분량의 양념장 재료 중 참기름을 제외한 모든 재료를 섞어 양념장을 만든다.

4 손질해 놓은 고추와 오이에 양념장을 넣어 무친 후 마지막으로 참기름을 넣어 다시 한 번 무친다.

빛고운오이물김치

오이와 열무가 제철인 여름에 먹기 좋은 물김치입니다.

고춧가루 대신 생고추를 곱게 갈아 베보자기에 짜거나 원액기로 짠 홍고추 즙을 넣어

국물 맛이 한결 깔끔하고 시원합니다. 또한 마늘을 다져 넣는 대신 편 썰어 넣어

맛이 자극적이지 않고 은은할 뿐만 아니라

오이와 열무의 향과 맛이 잘 어우러져 기품 있는 물김치입니다.

기본 재료

오이 1kg, 열무 2kg, 천일염 100g, 양파 400g

알마늘 10쪽, 쪽파 150g, 청양고추 8개, 홍고추 2개

김칫물 재료

홍고추즙 1컵, 배 1개, 맑은 액젓(또는 꽃게액젓)·꽃소금 4큰술씩

설탕 1큰술, 생강즙 ½큰술, 물 6컵

찹쌀풀 재료

찹쌀가루 2큰술, 물 1컵

만드는 법

1 열무는 천일염 50g을 뿌리고 1시간 정도 절이고 씻어 체에 밭쳐 물기를 뺀다.

2 오이는 소박이 형태로 손질하되, 길이로 칼집을 세 부분 정도 넣고 남은 분량의 천일염에 굴려 30분 정도 절인다.

3 냄비에 물과 찹쌀가루를 넣어 곱게 푼 뒤 중불에서 저어가며 풀이 되직해질 때까지 끓인다.

4 양파와 홍고추는 채 썰고 마늘은 편으로 썬다. 쪽파는 3~4㎝ 길이로 썰고 청양고추는 어슷하게 썬다.

5 배는 껍질을 까고 곱게 갈아 면보에 짜 즙을 낸다. 여기에 나머지 재료를 모두 넣어 섞어 김칫물을 만든다.

6 오이와 열무, 썰어 놓은 채소들이 잘 섞이도록 밀폐용기에 켜켜이 담고 ⑤의 김칫물을 살살 붓는다.
   하루 정도 실온에서 익혀 냉장고에 보관해가며 먹는다.

시골두부조림

흔하지만 맛깔난 두부조림 한 접시면 밥 한 공기 비우는 것이
그리 어렵지 않답니다. 멸치의 내장을 제거하고 마른 팬에
노릇하게 구워 두부조림에 넣으면 감칠맛과 구수한 풍미가 더해져
훨씬 맛있는 두부조림을 만들 수 있습니다.

기본 재료

두부(부침용) 1모, 양파 ¼개, 대파 ½대, 깻잎 2~3장

표고버섯 1개, 청양고추 · 홍고추 ½개씩, 국물용 멸치 3마리

통깨 1큰술, 멸치육수 1컵, 소금 · 후춧가루 · 식용유 약간씩

양념장 재료

간장 2큰술, 맛술 · 물엿 1½큰술씩, 참기름 1큰술, 참치액 ¾큰술

고춧가루 ½큰술, 다진 마늘 · 설탕 1½작은술씩, 고추장 1작은술

※ 멸치육수 만드는 법은 25p를 참고하세요.

만드는 법

1 두부는 모양대로 1.5㎝ 두께로 두툼하게 자르고 양파와 깻잎, 표고버섯은 채 썬다. 고추와 대파는 어슷하게 썬다.

2 내장을 제거한 가른 멸치는 식용유를 두르지 않은 팬에 넣고 5분 정도 강불에서 볶는다.

3 두부는 소금과 후춧가루로 밑간한 후 식용유를 두른 팬에 앞뒤로 노릇하게 지진다.

4 지진 두부의 절반을 바닥이 두꺼운 냄비에 올리고 양파와 볶은 멸치, 표고버섯, 청양고추, 홍고추, 대파를
　분량의 절반만 차례대로 얹는다.

5 분량의 재료를 섞어 만든 양념장을 ④에 절반 정도 뿌린다. 남은 두부와 양파, 볶은 멸치, 표고버섯, 청양고추,
　홍고추, 대파, 깻잎을 올린 뒤 남은 양념을 모두 올린다.

6 냄비 가장자리로 멸치육수를 붓고 국물이 자작해질 때까지 중불에서 자글자글 끓인 후 통깨로 뿌린다.

오징어불고기

오징어불고기 양념은 적어도 요리 30분 전에 만들어 두어야
고춧가루가 불어나 넣은 재료들이 서로 어우러집니다. 또 재료와 양념을
미리 잘 버무린 후 식용유를 두른 팬에 강한 불로 단시간 볶아야
오징어가 질겨지지 않고 탱글탱글한 식감이 살며 국물도 많이 생기지 않지요.

기본 재료

오징어 1마리, 양파 ½개, 청고추 2개

대파 ¼대, 알마늘 2쪽, 미나리 50g

식용유 2큰술

떡볶이 떡 70g

양념장 재료

고추장 4큰술, 설탕 2큰술

간장 · 맛술 · 고춧가루 · 참기름 · 물엿 1큰술씩

통깨 1작은술, 참치액 ½작은술

후춧가루 약간

만드는 법

1 분량의 재료를 섞어 양념장을 만들고 30분 정도 숙성시킨다.

2 오징어는 내장과 입을 제거한 후 껍질을 제거하고 먹기 좋은 크기로 썬다.

3 양파는 채 썰고, 고추와 대파는 어슷하게 썬다. 마늘은 편으로 썰고 미나리는 4㎝ 길이로 썬다.

4 떡은 한입 크기로 잘라 딱딱할 경우 물에 불리거나 데쳐서 말랑말랑하게 만들어 놓는다.

5 볼에 손질한 모든 재료를 넣고 양념장을 넣어 고루 버무린다.

6 팬에 식용유 2큰술을 두르고 ⑤를 넣은 다음 강불에서 오징어가 익을 정도로만 살짝 볶는다.

참
맛
된
장
찌
개

시판 된장으로도 깊은 맛을 내는 된장찌개를 끓이고 싶다면

몇 가지 비법이 있답니다. 첫 번째는 육수에 넣은 멸치를 건지지 않고

그대로 넣어 끓인다는 것이에요. 좀 더 진한 감칠맛과 구수한 맛을 내준답니다.

또 액젓을 넣으면 감칠맛과 함께 깊은 맛을 내줘 시판 된장의 가벼운 맛을

잡아줍니다.

기본 재료

감자 50g, 양파 30g, 청양고추·홍고추 1개씩

달래 20g, 건표고버섯·건새우 10g씩

두부(찌개용) ½모, 된장 50g, 바지락(또는 모시조개) 100g

다시마 1장(3×3㎝), 국물용 멸치 10g(3~4마리)

물 3컵, 맑은 액젓(또는 꽃게액젓)·고춧가루 1작은술씩

다진 마늘 1작은술

만드는 법

1 감자와 양파는 도톰하게 편 썰고 청양고추와 홍고추는 어슷하게 썬다. 달래는 다듬어 씻어 5㎝ 길이로 썬다.

   건표고버섯과 건새우는 물에 담가 불린다.

2 두부는 도톰하게 한입 크기로 썬다. 불린 건표고버섯은 건져 기둥을 떼고 편으로 썬다.

3 냄비에 다시마와 물을 넣고 5분 정도 끓이다가 다시마는 건져내고 내장과 머리를 제거한 후 마른 팬에

   볶은 멸치를 넣어 10분 정도 끓인다.

4 ③에 불린 표고버섯과 새우, 감자, 양파, 해감한 바지락을 넣고 된장을 푼다.

5 찌개가 한소끔 끓으면 두부, 청양고추, 홍고추, 달래, 다진 마늘, 고춧가루, 액젓을 넣고 감자가 익을 때까지 끓인다.

우리 집 김치찌개

김치찌개 끓이기가 가장 쉽다고 하지만 막상 깊은 맛을 내는

김치찌개를 끓이기란 그리 쉽지 않아요. 맛있는 김치찌개를 끓이기 위해선

식용유를 두른 냄비에 신 김치와 돼지고기를 충분히 먼저 볶은 후에 끓여야 합니다.

그래야 김치가 푹 익고 돼지고기의 감칠맛이 충분히 우러나오거든요.

기본 재료

신 김치 450g, 생삼겹살 150g

만능즙 2큰술

양파 ¼개, 대파(파란 부분) ⅓대

두부(찌개용) ½모, 식용유 1큰술

양념장 재료

고춧가루 1½큰술,

설탕·맑은 액젓(또는 꽃게액젓) 1큰술씩

참치액(또는 맛육수) ½큰술, 멸치육수 3컵

※ 만능즙 만드는 법은 22p, 멸치육수 만드는 법은 25p를 참고하세요.

만드는 법

1 신 김치는 속을 털어내고 먹기 좋은 크기로 썬다.

2 생삼겹살은 새끼손가락 크기로 자르고 만능즙에 버무려 고기 잡내를 제거한다.

3 양파는 1㎝ 두께로 채 썰고 대파는 어슷하게 썬다. 두부는 1㎝ 두께의 먹기 좋은 크기로 네모지게 썬다.

4 냄비에 식용유를 두르고 신 김치를 넣어 5분 정도 김치가 푹 익도록 볶는다.

5 ④의 김치에 ②의 생삼겹살을 넣어 섞어 삼겹살이 익을 때까지 충분히 볶는다.

6 ⑤에 분량의 재료를 섞어 만든 양념장을 더해 한소끔 끓인다.

7 ⑥에 양파와 대파, 두부를 넣고 양파가 익을 때까지 한 번 더 끓인다.

목살뚝배기

돼지고기찌개지만 국물이 깔끔하고 맛이 담백한 찌개로 냉장고에 있는

식재료만 가지고도 뚝딱 끓일 수 있습니다. 돼지 목살은 미리 데쳐서 양념을 해두면

잡냄새가 사라지고 기름기까지 쏙 빠져서 국물이 깔끔하지요.

냉동해놓은 돼지 목살이 있다면 저녁 메뉴로 목살뚝배기를 끓여보세요.

기본 재료

돼지고기(목살) 200g, 만능즙 2큰술, 가래떡(떡국용) 100g

두부(찌개용) 1모, 멸치육수 3컵, 청양고추 1개

홍고추 ¼개, 대파 ¼대, 양파 ¼개, 깻잎 30g

참치액(또는 맛육수) 1큰술, 소금 약간, 물(목살 데침용) 2컵

양념장 재료

고춧가루 2큰술, 맛술·다진 마늘·만능즙 1큰술씩

고추장·물엿·간장 ½큰술씩

다진 생강 1작은술, 청주 ½작은술

※ 만능즙 만들기는 22p, 멸치육수 만들기는 25p를 참고하세요.

만드는 법

1 냄비에 물을 붓고 끓으면 만능즙과 돼지고기 목살을 넣고 고기를 살짝 데친다.

2 데친 돼지고기는 곧바로 찬물에 헹구고 체에 밭쳐 물기를 뺀다.

3 가래떡은 딱딱한 상태라면 미리 물에 불려 놓는다.

4 두부는 1㎝ 두께의 3×5㎝ 크기로 썰어 놓는다.

5 청양고추와 홍고추, 대파는 어슷하게 썰고 양파와 깻잎은 1㎝ 두께로 채 썬다.

6 분량의 재료를 섞어 만든 양념장을 ②의 데친 목살과 골고루 버무린다.

7 양념에 버무린 목살과 멸치육수를 냄비에 붓고 한소끔 끓인뒤 양파와 가래떡, 두부를 넣고 한소끔 더 끓인다.

8 ⑦에 대파와 청양고추, 홍고추를 넣고 소금과 참치액으로 간을 맞춘 다음 깻잎을 넣은 후 불을 끄고 상에 낸다.

칼칼 황태 해장국

칼칼한 국물이 일품인 황태해장국으로

김치만 있어도 밥 한 그릇을 맛있게 비워낼 수 있습니다.

국물 맛을 시원하게 해주는 무와 칼칼한 맛을 내주는 고추가 어우러져

더욱 별미지요. 콩나물은 마지막에 뚜껑을 닫고 익혀야

비린내가 나지 않고 아삭한 식감도 살릴 수 있어요.

기본 재료

다시마물 7컵, 황태채 60g

무 100g, 콩나물 한 줌

달걀 2개, 홍고추 · 청양고추 ⅓개씩, 대파 1대, 참치액(또는 맛육수) 1큰술

다진 마늘 · 맑은 액젓(또는 꽃게액젓) ½큰술씩, 참기름 약간

※ 다시마물 만드는 법은 24p를 참고하세요.

만드는 법

1 황태채에 물을 부어 조물조물 주무른 다음 깨끗한 물로 헹군다.

2 콩나물은 꼬리만 떼고 무는 칼로 먹기좋은 크기로 어슷하게 썰고 홍고추와 청양고추, 대파도 어슷하게 썬다.

3 냄비에 참기름을 두르고 무와 황태채를 넣어 달달 볶는다.

4 무가 투명해지면 다시마물을 붓고 뚜껑을 닫은 다음 중불에서 30분 정도 끓이다가 팔팔 끓으면
　콩나물을 넣고 뚜껑을 닫아 한소끔 끓인다.

5 ④에 홍고추, 청양고추, 대파, 참치액, 액젓, 다진 마늘을 넣고 달걀을 풀어 넣고 한소끔 끓인다.
　마지막으로 참기름을 약간 넣는다.

통오징어 치즈떡볶이

오징어를 자르지 않고 안의 내장만 제거해 통으로 올리기 때문에
분식이지만 요리처럼 비주얼이 멋진 떡볶이입니다. 고추장 대신 굵은 고춧가루와
고운 고춧가루, 찹쌀가루를 넣어 만든 양념은 텁텁하지 않고 깔끔한 맛이 일품이지요.
오징어는 상에 낸 뒤 먹기 직전에 가위로 잘라 먹습니다.

기본 재료
떡볶이 떡 300g, 통오징어 1마리
양파 ½개, 대파 ⅛대, 모차렐라치즈 150g
멸치육수 2컵, 식용유 적당량

기름장 재료
설탕·참기름·간장·꿀 1큰술씩

떡볶이소스 재료
굵은 고춧가루·고운 고춧가루 1큰술씩
찹쌀가루 10g, 치킨스톡(큐브) ⅛개
물엿·흑설탕·설탕 2⅓큰술씩, 간장 ⅔큰술
소금·후춧가루 ⅓작은술씩, 물 ¼컵
※ 멸치육수 만드는 법은 25p를 참고하세요.

만드는 법
1 분량의 재료를 섞어 떡볶이소스를 만든 뒤 냉장고에 넣어 하루 정도 숙성시킨다.
2 오징어는 자르지 않고 통으로 안의 내장만 제거하고 씻어 물기를 뺀 뒤 분량의 재료를 섞어 만든 기름장을 바른다.
3 양파는 채 썰고, 대파는 5㎝ 길이로 잘라 채 썬다.
4 냄비에 멸치육수를 부은 뒤 ①의 떡볶이소스를 넣어 섞고 강불에서 끓이다가 끓어오르면 떡과 양파를 넣는다.
　한소끔 끓으면 대파와 모차렐라치즈를 얹어 호일을 덮고 치즈가 녹을 때까지 뭉근하게 끓인다.
5 ②의 오징어는 식용유를 두른 팬에 앞뒤로 익힌 뒤 몸통 양옆에 1㎝ 간격으로 칼집을 내서 떡볶이 위에 올린 후
　기름장을 한번 더 바른다.

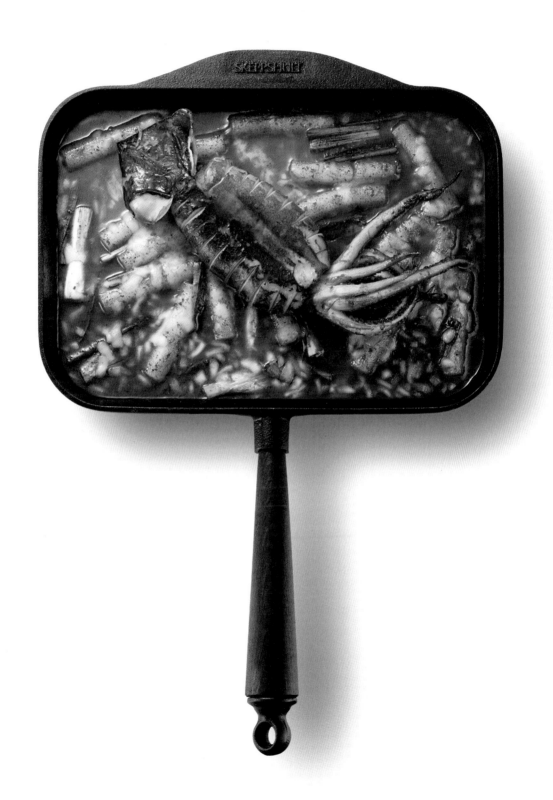

왕소시지김밥

김밥용 햄 대신 두툼한 프랑크 소시지를 넣어 만든 김밥으로

김밥을 좋아하는 분들에게 추천하고 싶은 메뉴예요.

김밥 속에 들어가는 달걀지단을 만들 때에는

감칠맛과 단맛을 더해주는 양념을 넣어 부치면 더욱 맛있지요.

또 로메인을 넣어 색감을 살리고 채소의 풋풋한 향이 더해져 더욱 별미입니다.

기본 재료

쌀·물 1½컵씩, 프랑크 소시지 3개, 달걀 5개

단무지(김밥용) 100g, 로메인 6장, 구운 김 3장

식용유·참기름·소금 약간씩

달걀지단 양념 재료

맛술·물 1큰술씩, 참치액(또는 맛육수) ¼작은술

겨자소스 재료

간장 2큰술, 겨자·물·식초·설탕 1큰술씩

만드는 법

1 쌀을 씻고 체에 한 번 건져 물기를 뺀 뒤 동량의 물을 부어 밥을 지은 뒤
　소금과 참기름을 넣어 간한다.

2 달걀을 풀어 분량의 양념 재료를 넣고 섞은 뒤 동그랗게 지단을 부쳐 길이로 길게 썰어 준비한다.

3 소시지는 식용유를 살짝 두른 팬에 굴려가며 굽는다.

4 단무지는 물기를 빼고 로메인은 씻어 물기를 털어 놓는다.

5 김발 위에 김을 올린 뒤 분량의 밥을 3분의 1정도를 올려 골고루 깐 후 로메인을 펴서 올리고 소시지,
　달걀지단, 단무지를 차례대로 올려 김밥을 싼다.

6 분량의 재료를 섞어 만든 겨자소스에 김밥을 찍어 먹는다.

채소듬뿍 과일소스 쟁반쫄면

매운맛을 좋아하는 한국 사람이라면 누구나 좋아할 만한 쟁반쫄면입니다.

고추장에 간 배와 간 양파를 넣어 만든 과일소스는 한 번에 많이 만들어

냉장실에 두고 하루 이상 숙성시켜 먹으면 더욱 맛있습니다.

단, 오랜 시간 보관해가며 먹을 때에는 다진 마늘을 소스에서 빼고

먹기 직전 소스에 더해주는 게 좋아요.

기본 재료

쫄면 200g, 콩나물 150g, 양배추 40g, 오이 · 당근 20g씩

맛간장 · 참기름 · 통깨 · 소금 약간씩

과일고추장소스 재료(5인 기준)

고추장 200g, 간 배 ¼컵, 양조식초 5큰술

설탕 4큰술, 고춧가루 · 물엿 1큰술씩

다진 마늘 1큰술, 맛간장 1작은술, 소금 약간

※ 맛간장 만드는 법은 26p를 참고하세요.

만드는 법

1 분량의 재료를 섞어 과일고추장소스를 만들고 냉장실에 넣어 하루 정도 숙성시킨다.

2 쫄면은 끓는 물에 2분 30초 정도 삶은 뒤 찬물에 씻어 건지고 맛간장과 참기름을 약간 넣어 버무려 둔다.

3 콩나물은 씻어 물 1컵에 소금을 약간 넣고 삶아 건져 둔다.

4 양배추와 오이, 당근은 가늘게 채 썬다.

5 그릇에 콩나물을 담고 그 위에 쫄면, 양배추, 오이, 당근을 올리고 참기름과 통깨를 뿌린다.

6 과일소스는 따로 종지에 담아 취향에 맞게 넣어 비벼 먹을 수 있게 한다.

오이비빔국수

찬물을 부어가며 익힌 후 마지막에는 얼음물로 한 번 씻어
더 쫄깃한 면에 아삭아삭한 오이와 배를 더한 비빔국수입니다.
소면이 아닌 생면으로 만들어 통통하면서도 쫄깃한 식감이 좋고
채소와 과일을 듬뿍 넣어 더욱 맛있습니다.

기본 재료

생면 320g, 백오이 200g,

배 40g, 홍고추 ¼개

비빔장 재료

맛간장 · 설탕 · 고추기름 · 통깨 2큰술씩

간장 · 다진 마늘 · 참기름 1큰술씩

다진 청양고추 2작은술

※ 맛간장 만드는 법은 26p를 참고하세요.

만드는 법

1 백오이는 가늘게 채 썰고 배와 홍고추는 4㎝ 길이로 가늘게 채 썬다.

2 냄비에 물을 넉넉하게 붓고 생면을 넣고 끓여 거품이 올라오면 찬물을 약간 넣는다. 이 과정을 두 번 반복한다.

3 삶은 면은 찬물에 비벼가며 바락바락 씻은 후 마지막에는 얼음물에 한 번 씻어준다.

4 분량의 재료를 섞어 비빔장을 만든다.

5 물기를 제거한 면에 비빔장을 취향에 맞게 넣고 고루 비빈다.

6 ⑤를 접시에 담고 채 썬 오이와 배, 홍고추를 올린다.

잔치국수

멸치육수의 맛이 진하게 나는 잔치국수로 멸치의 비린 맛을 잡기 위해
만능즙을 약간 넣어주면 좋습니다. 애호박과 당근은 채 썰고
미리 볶아 고명처럼 올려 내세요. 소면을 삶은 후 찬물에 비벼가며 헹구면
전분기가 제거되어 밀가루 냄새가 나지 않습니다.

기본 재료

국수면 120g,

애호박·당근 ¼개씩,

대파 10g,

소금·참기름·김가루·깨소금·식용유 약간씩

육수 재료

멸치육수 6컵, 국간장 1½큰술

참치액(또는 맛육수) 1큰술,

만능즙 1작은술

※ 멸치육수 만드는 법은 25p, 만능즙 만드는 법은 22p를 참고하세요.

만드는 법

1 냄비에 멸치육수를 넣고 끓으면 국간장과 참치액, 만능즙을 넣어 한소끔 끓인다.

2 애호박과 당근은 채 썰어 식용유를 약간 두른 팬에 넣고 소금을 약간 뿌려 각각 볶고, 대파는 송송 썬다.

3 냄비에 물을 넉넉하게 붓고 소면을 넣어 끓이다가 거품이 올라오면 찬물을 약간 넣는다.

　이 과정을 두 번 반복한다. 삶은 면은 찬물에 비벼가며 헹군 후 차가운 물에 다시 한번 헹궈 체에 받쳐 물기를 뺀다.

4 면을 그릇에 담고 ①의 육수를 부은 뒤 볶은 애호박과 당근, 대파, 참기름, 김가루, 깨소금을 올려 낸다.

아이디어 더한
퓨전 초대요리

"개인적으로 일상이 바빠 거창한 파티보다
는 가족이나 함께 일하는 식구들 그리고 가
까운 지인들과 소소한 모임을 갖는 편이에
요. 요리를 업으로 삼다 보니 평소에도 스튜
디오에서 직접 요리해서 함께 나누어 먹는
것을 즐깁니다. 요리는 평상시 즐기는 음식
에서 조금 변화를 준 퓨전 한식 메뉴들이 대
부분이죠. 손이 많이 가는 음식보다는 쉬우
면서도 보기에 좋고 누가 먹어도 맛있는 메
뉴들이에요."

스페셜간장수육

통삼겹살에 과일을 함께 넣고 삶아
부드러우면서도 달콤하고 된장 대신 맛간장으로 맛을 더해
더욱 깔끔한 수육입니다. 삶은 수육은 완전히 식힌 뒤 썰어야
고기가 부스러지지 않고 예쁜 모양으로 썰 수 있어요.

기본 재료

통삼겹살 1kg

사과 ½개, 배 ¼개

대파 50g

통마늘 50g, 통생강 20g

맛간장 1½컵

만능즙 · 청주 2큰술씩

설탕 30g

통후추 1작은술

영양부추 한 줌

물 5컵

※ 만능즙 만드는 법은 22p를, 맛간장 만드는 법은 26p를 참고하세요.

만드는 법

1 통삼겹살은 적당한 크기의 덩어리로 잘라 만능즙을 뿌려 잠시 둔다.

2 사과, 배는 슬라이스로 자르고, 대파는 1㎝ 길이로 손질한다. 마늘과 생강은 편으로 썬다.

3 냄비에 ②의 재료와 통후추, 분량의 물을 넣고 끓이다가 팔팔 끓기 시작하면 통삼겹을 넣는다.

4 ③이 팔팔 끓으면 청주, 설탕, 맛간장을 넣어 45분 정도 강불에서 끓이다가 중불로 낮춰 40분 정도 더 끓인다.

5 고기를 건져 식힌 다음 1~2㎝ 두께의 먹기 좋은 크기로 썰어 영양부추를 접시에 깔고 그 위에 올린다.

표고버섯치즈불고기

강한 풍미의 마늘 기름과 은은한 향의 표고버섯이 어우러져 내는 맛이 일품인
치즈불고기입니다. 표고버섯 크기에 따라 조금씩 다르지만
한입에 넣기 좋아 파티용 핑거 푸드로 좋아요.

기본 재료

소고기(불고기용) 150g

표고버섯 12개, 밀가루 ¼컵, 식용유 약간

재움장 재료

간장 · 참기름 · 다진 파 1큰술씩

설탕 · 맛술 · 다진 마늘 ½큰술씩

후춧가루 ⅓작은술

고명 재료

모차렐라치즈 200g, 다진 파프리카 1큰술, 다진 쪽파(잎 부분) 1작은술

만드는 법

1 분량의 재료를 섞어 재움장을 만든다.

2 소고기는 잘게 다지고 ①을 넣어 10분 정도 재두었다가 프라이팬에 식용유를 약간 둘러 볶는다.

3 표고버섯은 기둥을 뗀 다음 흐르는 물에 살짝 씻어 물기를 제거한다.

4 표고버섯 아래 갓 부분에 밀가루를 살짝 묻힌 다음 볶아놓은 불고기를 소복이 얹은 후
　그 위에 치즈와 다진 파프리카와 다진 쪽파를 올린다.

5 ④를 식용유를 약간 두른 팬에 올려 중불 혹은 중약불에서 뚜껑을 닫고 치즈가 완전히 녹을때까지 굽는다.

미소된장소스 해물냉채

오징어와 관자, 대하 등을 싱싱한 것으로 구입했을 때 해물냉채를 만들어보세요.
싱싱한 해산물을 살짝 찌거나 데쳐 먹기 좋게 썬 뒤
구수하면서도 새콤달콤하고 매콤한 소스를 더하면 입맛을 돋우기에 좋습니다.

기본 재료

오징어 1마리

관자 2개 분량

대하 1마리

참나물 약간

소스 재료

물 5큰술

식초 4큰술

미소된장·포도씨오일·물엿 3큰술씩

고추장·설탕·참기름 1큰술씩

만드는 법

1 오징어는 내장과 눈을 제거하고 씻어 살짝 데치거나 쪄 굵게 채 친다.

2 관자는 씻은 뒤 찜기에 쪄 동그란 모양을 살려 0.3㎝ 두께로 썬다.

3 대하는 살만 발라 다시 껍질 안에 모양대로 넣어 찐다.

4 참나물은 잎만 떼어내서 깨끗이 씻고 물기를 턴다.

5 그릇에 참나물을 깔고 그 위에 준비한 해물을 보기 좋게 얹는다.

6 ⑤에 분량의 재료를 섞어 만든 소스를 먹기 직전에 끼얹는다.

새우애호박죽

새우와 애호박으로 맛과 색감을 살린 영양죽입니다.

애호박은 껍질만 돌려 깎아 믹서로 갈아 넣으면

푸른색이 죽 전체에 퍼져 색감이 좋아지지요.

또 죽을 끓일 때에는 나무주걱으로 저어야 삭지 않습니다.

기본 재료

알새우 100g, 애호박 1½개, 쌀 1컵 , 멸치육수 10컵

참치액(또는 맛육수) 1½큰술

소금 약간, 물 1컵

참기름 2큰술

※ 멸치육수 만드는 법은 25p를 참고하세요.

만드는 법

1 알새우는 반으로 저며 썬 다음 굵게 다진다.

2 애호박은 껍질을 0.3㎝ 두께로 돌려 깎고 속은 채 썰어 준비한다.

3 애호박 껍질을 믹서에 넣어 물 1컵을 넣은 후 곱게 간다.

4 쌀은 맑은 물이 나올 때까지 씻어 물기를 뺀 다음 참기름을 두른 냄비에 쌀이 투명해질 때까지 달달 볶는다.

5 팬에 참기름을 살짝 두르고 다진 알새우와 채 썬 애호박 속을 각각 볶는다.

6 ④에 멸치육수를 붓고 끓인다.

7 죽이 끓기 시작하면 볶은 애호박 속과 알새우를 장식용으로 약간 남겨놓고 모두 넣은 뒤 저어가며 끓인다.

8 죽이 한소끔 끓으면 ③의 애호박 간 물을 넣고 풋내가 나지 않을 때까지 끓이다가 참치액과 소금으로 간한다.

일품도미튀김

도미는 속살이 두꺼워 사선으로 깊숙하게 3번 정도 칼집을 내줘야 속까지 고루 익습니다.

도미를 기름에 넣을 때에는 꼬리를 손으로 잡고 머리부터 조심조심 넣어야 화상을 입지 않아요.

튀긴 기름이 아깝다면 식기 전에 면보에 바로 걸러 유리 밀폐용기에 담아 사용하세요.

기본 재료

도미(중간 크기) 1마리, 녹말가루 50g, 소주 10㎖

영양부추 · 참나물 100g씩, 적양파 ½개, 소금 약간, 식용유 7컵

간장소스 재료

간장 ½컵, 식초 ½컵, 설탕 4큰술, 고추기름 2큰술, 다진 마늘 ⅔큰술, 생강 1개

레몬 1개, 건고추 · 청양고추 5개씩, 쪽파 20g

물 ¼컵

만드는 법

1 간장소스를 만든다. 마늘과 생강, 레몬은 모양을 살려 0.3㎝ 두께로 슬라이스하고 건고추는 3㎝ 길이로 썬다.
　청양고추는 송송 썰고 쪽파는 6㎝ 길이로 썬다. 손질해놓은 채소와 나머지 양념을 모두 넣고 섞은 뒤
　냉장실에서 하루 정도 숙성시킨 다음 체에 걸러 간장만 사용한다.

2 도미는 내장을 제거하고 뼈에 있는 핏기와 아가미 부분을 물로 깨끗하게 씻은 후 몸통에 사선으로 3번 정도
　깊숙하게 칼집을 낸다.

3 ②의 도미에 소주를 뿌려 잡내를 없앤 후 녹말가루를 앞뒤로 골고루 묻혀 200℃로 예열한 기름에 바삭하게 튀긴다.

4 국자로 기름을 퍼서 도미 위에 골고루 뿌려가며 도미 몸 전체가 진한 갈색이 될 때까지 튀긴다.

5 적양파는 얇게 채 썰고, 영양부추는 3㎝ 길이로 썬다. 참나물은 먹기 좋게 손질한다.

6 그릇에 손질한 채소를 담고 도미를 올린 뒤 숙성시킨 간장소스를 끼얹어 낸다.

어묵꼬치탕

추운 겨울 온 가족이 따뜻하게 즐기기 좋은 어묵꼬치탕입니다.
육수를 내기 번거롭다면 미자 언니네 맛육수와 같은
시판 육수를 이용해 끓여도 좋습니다.
매운 것을 좋아한다면 육수를 낼 때 청양고추를 3개 정도 넣고
우동 사리를 넣으면 한 끼 식사로도 손색이 없답니다.

기본 재료

모둠 어묵 200g

곤약 100g

삶은 달걀 2개, 꼬치 4~5개

육수 재료

다시마물 1ℓ

참치액(또는 맛육수) 2큰술, 소금 약간

※ 다시마물 만드는 법은 24p를 참고하세요.

만드는 법

1 어묵을 먹기 좋은 크기로 자른다.

2 어묵과 곤약을 취향에 맞게 꼬치에 끼운다.

3 다시마물에 분량의 재료를 넣어 육수를 만든 후 어묵과 곤약을 넣고 어묵이 말랑해질 때까지 끓인다.

4 ③에 삶은 달걀을 넣고 한소끔 끓인 후 취향에 따라 청양고추를 더한다.

매콤통오징어구이

오징어를 자르지 않고 내장만 제거해 통으로 양념해 구운 요리입니다.

매콤한 맛의 양념장은 미리 만들어서 냉장실에서 하루 정도 숙성해야 맛이 더 좋습니다.

숙주와 부추는 향이 섞이지 않도록 따로 볶아 오징어에 곁들여 내도록 합니다.

기본 재료

오징어 2마리, 숙주 200g, 부추 50g

식용유 2큰술, 참기름 1큰술

소금·후춧가루 약간씩

양념장 재료

고추장 150g

고춧가루·물엿·매실청·간장 3⅓큰술씩

설탕 2큰술, 다진 마늘·다진 파·땅콩버터 1큰술씩

다진 생강 ½작은술

만드는 법

1 분량의 재료를 섞어 만든 양념장은 냉장실에 넣어두고 하루 숙성시킨다.

2 오징어는 깨끗하게 손질한 다음 껍질째 끓는 물에 살짝 데쳐 양옆에 칼집을 낸 뒤 ①의 양념장에 버무려 둔다.

3 숙주는 손질해 씻고 달군 팬에 식용유 1큰술을 둘러 숨만 죽도록 살짝 볶는다.

4 부추를 손질해 팬에 넣은 후 참기름을 두르고 후춧가루와 소금을 약간 넣어 숨만 죽도록 살짝 볶는다.

5 달군 팬에 식용유 1큰술을 두르고 ②의 오징어를 앞뒤로 노릇하게 굽는다.

6 그릇에 숙주와 부추, 구운 오징어를 보기 좋게 담는다.

채소연어장

만들기 간편하면서 맛깔나게 즐길 수 있는 메뉴로
신선한 생연어와 감칠맛 나는 소스, 양파와 고추의 아삭하고 매콤한 맛이 어우러져
입맛을 돋우는 데 좋습니다. 겨자와 설탕, 식초를 넣어 알싸하면서도
새콤달콤하고 짭조름한 소스에 찍어 먹으면 더욱 맛있게 즐길 수 있어요.

기본 재료

생연어 필레 600g, 양파 ½개, 청·홍고추 1개씩

연어장소스 재료

물 3컵, 맛간장 1컵, 맑은 액젓(또는 꽃게액젓) 70㎖
설탕·물엿 1½큰술씩

겨자소스 재료

간장 2큰술, 겨자·설탕·식초·물 1큰술씩

※ 맛간장 만드는 법은 26p를 참고하세요.

만드는 법

1 연어 필레는 결에 맞춰 먹기 좋은 크기로 자른다.

2 양파는 사방 1.5㎝ 크기로 네모지게 자르고 청·홍고추는 0.3㎝두께로 얇게 모양대로 동그랗게 썬다.

3 분량의 재료를 섞어 연어장소스를 만든 다음 분량의 반은 ①의 연어 필레에 버무려
   30분 정도 두었다가 체에 건져 물기를 뺀다.

4 ③의 연어장을 오목한 접시에 담고 ②의 양파와 청·홍고추를 올린 후 나머지 연어장소스를 붓는다.

5 분량의 재료를 섞어 만든 겨자소스에 연어장을 찍어 먹는다.

아보카도 연어장덮밥

앞서 만든 채소연어장을 응용해 만든 일품요리입니다.
채소연어장의 연어만을 건져내 한김 식힌 밥 위에 올리고
겨자소스를 뿌린 후 아보카도, 채 썬 양파, 무순,
어린잎채소를 올려 내면 쉽게 만들 수 있습니다.

기본 재료

밥 1공기(200g)

연어장 150g

아보카도 ½개

양파 ⅙개

참기름 1큰술

무순 · 어린잎채소 · 채 썬 김 · 검은깨 약간씩

얼음물 적당량

겨자소스 재료

간장 2큰술

겨자 · 설탕 · 식초 · 물 1큰술씩

※ 연어장 만드는 법은 270p를 참고하세요.

만드는 법

1 양파는 얇게 썬 뒤 얼음물에 10분 정도 담갔다가 물기를 뺀다.

2 아보카도는 반으로 나눠 껍질을 제거한 뒤 먹기 좋게 편 썬다.

3 그릇에 밥을 담고 분량의 재료를 섞어 만든 겨자소스를 약 2큰술 정도 뿌린다.

4 ③에 연어장과 아보카도, 양파채, 무순, 어린잎채소, 채 썬 김을 보기 좋게 올린다.

5 ④에 참기름을 두르고 검은깨를 약간 뿌린다.

매운 찜닭

집에서 찜닭을 만들면 밖에서 사 먹을 때의 칼칼하고 개운한 맛이 나지 않아

아쉬울 때가 많습니다. 그 이유는 바로 고춧가루 대신 사용하는 청양고추에 비밀이 있습니다.

칼칼하면서도 깔끔한 맛으로 남녀노소 누구나 좋아할 만한 찜닭 레시피입니다.

기본 재료

토종닭 1마리(1.2~1.5kg)

감자 2개, 당근 · 양파 ½개씩, 청양고추 5개, 표고버섯 · 삶은 달걀 2개씩,

부추 한 줌, 당면 100g, 마늘 4쪽, 대파 1대,

통후추 · 간장 1큰술씩, 물 5컵

양념장 재료

간장 6큰술, 물엿 5큰술, 흑설탕 · 굴소스 2큰술씩,

국간장 · 양파즙 · 청주 1큰술씩, 다진 생강 · 후춧가루 1작은술씩

만드는 법

1 감자와 당근, 양파는 큼지막하게 썬다.

2 토종닭은 찬물에 담가 30분 이상 핏물을 뺀 다음 넉넉한 냄비에 넣고 닭이 잠길 정도로 물을 부어
  마늘, 대파, 통후추, 간장을 넣어 닭이 살짝 익을 정도로 끓인다.

3 닭이 익으면 체에 밭쳐 육수를 걸러내 따로 보관한다.

4 분량의 재료를 섞어 양념장을 만들고 여기에 ③의 육수를 4컵 냄비에 부은 후 삶은 닭을 넣는다.

5 ④에 손질해둔 감자와 당근을 넣고 강불에서 끓인다.

6 ⑤가 끓기 시작하면 양파와 표고버섯, 청양고추, 달걀을 넣어 다시 한번 끓인다.

7 ⑥의 국물을 제외한 건더기를 모두 오목한 접시에 담은 후 남은 국물에 물에 불린 당면을 넣고
  당면이 얼추 익으면 부추를 넣어 살짝 데친다.

8 닭을 담은 접시에 당면과 부추를 올리고 남은 국물을 적당히 부어 상에 낸다.

모둠해물채와 유자마요소스

마요네즈에 버무린 샐러드가 식상하다면 유자청과 겨자를 더해보세요.

새콤달콤한 유자청과 톡 쏘는 겨자가 어우러져 감탄이 저절로 나오는 맛을

느낄 수 있답니다.

기본 재료

닭 가슴살 200g, 오징어 1마리

새우 · 게맛살 100g씩, 오이 1개, 양파 ¼개, 삶은 달걀 3개, 굵은소금 약간

유자마요소스 재료

마요네즈 200g, 식초 5큰술

유자청 · 설탕 · 통깨 2큰술씩, 연겨자 1큰술

소금 ½큰술, 후춧가루 약간

만드는 법

1 닭 가슴살은 김이 오른 찜기에 20분 정도 쪄서 굵게 찢는다.

2 내장을 제거한 후 껍질을 벗긴 오징어와 머리와 껍질을 제거한 새우는 살짝 데친다.

3 ②의 오징어는 폭 1㎝, 길이 3㎝로 썰고 새우는 등을 기준으로 포를 뜨듯 반으로 자른다.

　게맛살은 0.3㎝ 두께로 먹기 좋게 찢어 놓는다.

4 오이는 껍질째 굵은소금으로 문질러 씻은 후 폭 1㎝, 길이 3㎝로 자르고 씨 부분은 칼로 도려낸다.

5 양파는 얇게 슬라이스한 후 찬물에 10분 정도 담갔다가 건져내고 체에 밭쳐 물기를 빼서 매운 맛을 제거한다.

6 삶은 달걀은 흰자 부분은 슬라이스로 썰고 노른자는 체에 곱게 내린다.

7 큰 볼에 달걀노른자를 제외한 모든 기본 재료를 넣고 분량의 재료를 섞어 만든 유자마요소스를 넣어 버무린다.

8 ⑦을 접시에 담고 체에 내린 노른자를 보기 좋게 솔솔 뿌린다.

온기 담은 명절 식탁

"간편식품의 인기가 그 어느 때보다 높은 요즘이지만 그래도 명절에는 가족과 함께 직접 음식을 만들고 나누어야 제맛입니다. 잡채와 전은 물론이고 명절이면 꼭 만드는 음식이 바로 냉채인데요. 냉채는 기름진 음식이 많은 명절, 느끼한 속을 달래주기에 좋습니다. 또 대추고갈비찜이나 소불고기잡채와 같이 명절이면 늘 먹는 음식이지만 양념과 주재료에 변화를 주면 한층 고급스럽고 맛깔나게 만들 수 있지요. 명절에 빠질 수 없는 밑반찬으로는 부추주꾸미장, 일품 달걀찜 레시피를 담았습니다."

소불고기잡채

흔한 음식이지만 명절에 잡채가 빠지면 서운하죠.

소불고기잡채는 소고기를 듬뿍 넣고 오이를 넣어 느끼한 맛을 잡았습니다.

당면 삶는 물에 양념을 넣으면 당면에 간이 밸뿐더러 시간이 지나도 붇지 않아

훨씬 맛있게 즐길 수 있답니다.

기본 재료

당면 250g, 소고기(잡채용) 150g, 불린 목이버섯 10g

취청오이 1개, 빨간색 파프리카 1개, 양파 ½개

참기름·통깨 1큰술씩, 후춧가루·식용유 약간씩

소고기 양념장 재료

간장 2큰술, 만능즙·다진 마늘 ½큰술씩, 참기름 1작은술, 후춧가루 약간

당면 삶는 물 재료

물 5컵, 간장 ½컵, 설탕 ¼컵, 식용유 4큰술

당면 양념 재료

간장·맛술·설탕·참기름 3큰술씩

※ 만능즙 만드는 법은 22p를 참고하세요.

만드는 법

1 불린 목이버섯과 취청오이, 파프리카, 양파는 5㎝ 길이, 0.4㎝ 두께로 채 썬다.

2 소고기는 가늘게 채 썰어 볼에 담고 분량의 소고기 양념장을 넣어 섞고 잰다.

3 팬을 달궈 식용유를 약간 두르고 ①의 채소 모두 각각 살짝 볶는다.

4 냄비에 당면 삶는 물을 붓고 끓으면 당면을 넣고 4분 정도 끓인 뒤 체에 밭쳐 잠시 둔다.

5 달군 팬에 식용유를 두른 뒤 삶은 당면을 넣고 당면 양념 재료를 넣어 섞어가며 볶는다.

6 당면이 익으면 불을 끄고 한김 식힌 뒤 볶은 채소와 소고기를 넣고 고루 섞은 뒤

　 참기름, 통깨, 후춧가루를 넣고 다시 한번 섞는다

간편 떡만둣국

소고기육수를 낼 시간이 없을 때 후다닥 끓이기 좋은 떡만둣국입니다.

고기육수에 비해 시원한 맛이 나서 남녀노소 누구나 좋아하지요.

떡국 떡은 넣고 젓지 않아야 쫄깃한 식감이 살아납니다.

기본 재료

떡국 떡 · 만두 250g씩

다시마물 5컵

대파 1대

달걀 황백지단 1장씩

소금 · 참기름 · 후춧가루 약간씩

육수 양념 재료

국간장 · 참치액(또는 맛육수) 1큰술씩

다진 마늘 1작은술

※ 다시마물 만드는 법은 24p를 참고하세요.

만드는 법

1 냄비에 다시마물을 붓고 분량의 육수 양념 재료를 넣어 끓이다가 끓어오르면 만두를 넣고
  얼추 익으면 떡을 넣어 젓지 말고 끓인다.

2 떡이 익으면 소금으로 간하고 어슷하게 썬 대파를 넣은 뒤 불을 끈다.

3 떡국을 그릇에 담고 채 썬 황백지단을 올린 후 기호에 맞게 참기름과 후춧가루를 넣는다.
  삶은 양지를 썰어 양념해 올려도 맛있다.

미역해물냉채

기름진 음식이 많은 명절, 새콤달콤하면서도 아삭하게 씹히는
식감이 좋은 미역해물냉채를 상에 올려보세요.
생미역을 비롯해 갈래곰보, 고장초 등 해초류를 이용하면 더욱 맛있습니다.
채 썬 비트뿐만 아니라 오이, 부추와 같은 채소를 곁들여도 좋고,
낙지와 굴 같은 해산물을 함께 내면 별미랍니다.

기본 재료

낙지 200g, 불린 미역·비트 100g씩
밀가루·소금 약간씩
얼음물 적당량

냉채소스 재료

간장·설탕·식초 3큰술씩
맛술·참기름·통깨 1큰술씩
소금 1작은술, 청고추·홍고추 1개씩
송송 썬 쪽파(잎 부분) 2큰술

만드는 법

1 마른 미역을 물에 불려 소금을 약간 넣은 끓는 물에 넣은 뒤 파래질 정도로 살짝 데친 후
　찬물에 헹궈 4㎝ 길이로 썬다.
2 낙지는 밀가루를 뿌려 바락바락 문질러 씻은 다음 끓는 물에 소금을 약간 넣고 살짝 데쳐
　얼음물에 담갔다가 4㎝ 길이로 썬다.
3 비트는 가늘게 채를 쳐서 찬물에 잠시 담갔다가 빨간 물이 빠지지 않을 때까지 찬물로 씻는다.
4 분량의 재료를 섞어 냉채소스를 만든다.
5 접시에 미역, 낙지, 비트 순으로 보기 좋게 담은 뒤 낙지에만 소스를 뿌리고 남은 소스는 종지에 담아 곁들인다.

부추주꾸미장

명절이지만 밑반찬이 없으면 뭔가 아쉽잖아요.

부추주꾸미장은 밥반찬으로도, 술안주로도 좋은 메뉴입니다.

간 생강과 청주를 1:1 비율로 섞어 생강을 가라앉힌 뒤 사용하는 생강술은

주꾸미 삶을 때 넣으면 주꾸미의 비린 맛을 잡아줍니다.

만능해물간장소스는 넉넉하게 만들어두고 전복장이나 해물장 만들 때도 사용해보세요.

기본 재료

주꾸미 5마리, 밀가루 ½컵

부추 50g, 홍고추 1개, 생강술 약간

만능해물간장소스 재료

간장 1컵, 설탕 ¾컵, 물엿 ½컵

청주 ¼컵, 물 2컵, 알마늘 4쪽

생강 ⅓톨, 통후추 ½큰술

깻잎 10장, 어슷 썬 청양고추 2개 분량

사과 · 레몬 ¼개씩

※ 생강술 만들기는 20p를 참고하세요.

만드는 법

1 주꾸미는 볼에 담고 밀가루를 뿌려 바락바락 주물러 씻은 뒤 끓는 물에 생강술을 넣고 살짝 데쳐 건진다.

2 만능해물간장소스를 만든다. 냄비에 사과와 레몬을 제외한 모든 재료를 넣고 끓이다가 끓어오르면

　5분 정도 더 끓여 불을 끄고 사과와 레몬을 넣어 반나절 숙성시킨다.

　체에 밭쳐 국물을 받아 병에 담고 냉장보관 하면 3개월 정도 사용할 수 있다.

3 부추는 씻어 따리를 지어놓고 홍고추는 얇게 어슷 썰어 씨를 털고 씻는다.

4 밀폐용기에 주꾸미와 부추, 홍고추를 넣고 만능해물간장소스를 부어 3~4시간 지나면 상에 낸다.

대추고차

대추를 푹 삶아 체에 내려 졸여 만든 대추고는
잣과 말린 대추를 띄워 떠먹으면 디저트로도 좋습니다.
또 갈비찜을 만들 때 양념에 넣어 사용하면
은은한 단맛과 대추의 향이 어우러져
한층 고급스러운 맛을 낼 수 있어요.

기본 재료

대추 500g, 물 3컵, 설탕·꿀 1컵씩

고명 재료

대추·잣 적당량, 시나몬 가루 약간

만드는 법

1 대추는 깨끗이 씻어 물을 붓고 센불에서 끓이다가 끓기 시작하면 중불로 줄여 바닥에 물이
   자작해질 때까지 끓인다.

2 ②의 통통하게 불은 대추를 굵은 채에 손으로 으깨가며 과육만 받는다.

3 냄비에 대추 과육과 설탕, 꿀을 넣고 중약불에서 설탕이 다 녹고 농도가 나도록 뭉근하게 조린다.

4 고명용 대추는 씨를 제거한후 채 썰어 키친 타올을 깐 접시에 올려
   전자레인지에 1분 정도 돌려 바삭하게 만든다.

5 물 150㎖에 대추고 3큰술을 넣고 섞은 뒤 대추채 2큰술과 잣 1큰술, 시나몬 가루 ¼작은술을 넣어 먹는다.

대추고갈비찜

설탕 대신 대추고를 넣어 달지 않고 깊은 맛이 나는 갈비찜입니다.
파인애플 양념에 2시간 정도 충분히 재두어
갈빗살이 연해지게 해 끓이는 시간은 반으로 줄였습니다.

기본 재료

갈비 1.2kg, 무 200g, 밤 60g, 수삼·은행 20g씩, 만능즙 4큰술
물 12컵(데침용), 꿀·참기름 ½큰술씩, 후춧가루 약간

1차 양념 재료

배즙·대추고 1컵씩, 간 파인애플 100g, 양파즙 6큰술

2차 양념 재료

맛간장 8큰술, 다진 파·다진 마늘·통깨·참기름 2큰술씩
후춧가루 1큰술, 갈비육수 10컵

※ 대추고 만드는 법은 288p, 만능즙 만드는 법은 22p, 맛간장 만드는 법은 26p를 참고해 주세요.

만드는 법

1 갈비는 반나절 이상 찬물에 담가 핏물을 충분히 뺀다.

2 냄비에 갈비를 담고 갈비가 잠길 정도로 분량의 물을 붓고 끓이다가 끓어오르면 만능즙을 넣어
   고기가 익을 정도로 데친다.

3 갈비를 건지고 육수는 면보에 거른다.

4 분량의 재료를 섞어 만든 1차 양념을 갈비에 넣고 고루 섞어 2시간 정도 잰다.

5 냄비에 재둔 갈비와 분량의 재료를 섞어 만든 2차 양념을 넣고 고루 뒤적이며 끓이다가 끓어오르면 강불에서
   20분간 끓이다 중불로 줄여 40분, 다시 약불로 줄여 큼지막하게 썬 무, 수삼, 은행, 밤을 넣고
   고기가 부드러워 질때까지 푹 익힌다.

6 마지막에 꿀과 참기름, 후춧가루를 넣고 뒤적인 후 불을 끈다.

일품달걀찜

부드러운 식감이 좋은 달걀찜은 식전식으로도 좋고
식사와 곁들여 반찬으로 즐기기에도 좋아요.
알새우와 표고버섯, 은행을 더해
보기에 고급스러우면서 영양적인 면도 챙겼습니다.
달걀은 풀어 체에 내리고 뚜껑을 덮어 찌면 식감이 훨씬 부드러워집니다.

기본 재료

달걀 2개
물 1¼컵
알새우 4개
표고버섯 1개
은행 4개

양념 재료

참치액 · 맛술 · 소금 · 간장 ½작은술씩

만드는 법

1 달걀에 분량의 물을 부어 곱게 푼다.
2 ①에 분량의 양념을 넣어 다시 한 번 섞은 뒤 고운체에 거른다.
3 ②를 1인 분량의 작은 용기에 4개로 소분해 담고 김이 오르는 찜기에 넣은 뒤
  뚜껑을 닫아 강불에서 2분, 약불에서 5분 정도 찐다.
4 ③에 알새우와 은행은 1개씩 올리고 슬라이스한 표고버섯은
  4개 분량으로 소분해 올린 뒤 뚜껑을 덮어 5분 정도 약불에서 찐다.

관자전 미자자언니네

비싸고 맛있는 식재료지만 막상 구입해도 뭘 만들어야 할지 막연한 식재료가
바로 관자인 것 같습니다. 명절에 늘 하던 동그랑땡 대신 관자전을 만들어보세요.
담백한 관자 위에 양념한 볶은 소고기와 매콤한 채소볶음을 올려
햄버거처럼 먹으면 명절의 색다른 별미가 될 것입니다.

기본 재료

관자(큰 것) 3개, 새송이버섯 1개

죽순 통조림 1통, 소고기 50g, 녹말가루 2큰술

청고추·홍고추 1개씩, 만능즙 1큰술

소금·후춧가루 1꼬집씩, 참기름 약간, 식용유 적당량

소고기 재움장 재료

맛간장·만능즙 ½작은술씩

참기름 ⅓작은술, 후춧가루 ⅓작은술

※ 만능즙 만드는 법은 22p, 맛간장 만드는 법은 26p를 참고하세요.

만드는 법

1 관자를 도마에 올리고 손으로 고정한 상태에서 펼칠 수 있도록 옆면 중간에 칼집을
   3분의2 지점까지 깊게 넣는다.

2 ①의 관자를 펼친 후 만능즙과 소금, 후춧가루로 밑간한다.

3 분량의 재료를 섞어 만든 재움장에 소고기를 넣고 20분 정도 잰다.

4 새송이버섯과 죽순, 홍고추, 청고추는 5㎝ 길이로 채 썬다.

5 참기름을 두른 팬에 소고기를 앞뒤로 구운 후 5㎝ 길이로 채 썬다.

6 채 썬 홍고추, 청고추는 식용유를 살짝 두른 팬에 각각 살짝 볶는다.

7 ②의 관자에 녹말가루를 앞뒤로 묻힌 후 달군 팬에 넉넉하게 식용유를 두르고 중불 혹은 강불에서 튀기듯 지진다.

8 관자의 절단면 사이로 볶은 소고기, 채 썬 새송이와 죽순, 볶은 청·홍고추를 넣고 햄버거 만들듯
   꼭 오므린 다음 식용유에 살짝 튀겨 낸다.

풍성한 크리스마스 식탁

"크리스마스는 그 단어만으로도 설렙니다. 크리스마스에 기다려지는 것이 선물만은 아니겠죠. 가족 혹은 사랑하는 이들이 모여 앉아 즐기는 저녁 식사를 위해 마련한 엄마의 정성이 담긴 식탁은 크리스마스의 꽃이라 할 수 있습니다. 냉장고 속 식재료로 만든 장떡흑임자인절미와 바나나베리피즈, 크리스마스 무드를 제대로 살려줄 연어스테이크와 치킨스테이크까지 사랑하는 이들의 입맛을 사로잡을 레시피를 모았습니다."

장떡흑임자인절미

특별한 손님이 오셨을 때 냉동실에 남아 있는
찰인절미를 활용해 간단하게 만들 수 있는 떡입니다.
찰인절미를 녹여 먹기 좋은 크기로 썰고
원하는 고물을 만들어 묻히기만 하면 끝이지요.
고물은 취향에 따라 다양하게 사용할 수 있습니다.

기본 재료

찰인절미 200g
밤·대추 3개씩
잣·흑임자 30g씩
간장·꿀 ½작은술씩

만드는 법

1 고물을 입히지 않은 찰인절미를 한입 크기로 썬다.
2 밤과 대추, 잣은 칼로 굵게 다진다.
3 흑임자는 절구에 빻는다.
4 간장과 꿀을 1:1 비율로 섞어 ①의 찰인절미에 골고루 바른다.
5 ④의 찰인절미를 밤과 대추, 잣, 흑임자에 각각 버무린다.

마늘볶음밥

노릇하게 튀기듯 볶은 마늘과
버터의 향이 어우러진 마늘볶음밥입니다.
치킨스톡을 조금 넣어 감칠맛을 더했으며
푸른 쪽파를 송송 썰어 넣어 동그랗게 빚어 먹기 좋고
색감도 예뻐 크리스마스나 손님을 초대했을 때
상에 내기 좋습니다.

기본 재료

밥 2공기
편 썬 마늘 · 송송 썬 쪽파 60g씩
올리브유 · 버터 2큰술씩
소금 · 후춧가루 약간씩
치킨스톡 ½개

만드는 법

1 팬을 달궈 올리브유와 버터를 두르고 마늘을 넣어 앞뒤로 노릇하게 볶아 그릇에 담아 둔다.

2 ①의 팬에 밥을 쏟고 치킨스톡을 넣은 뒤 소금과 후춧가루로 간해 볶는다.

3 ②에 ①의 마늘과 쪽파를 넣고 고루 섞은 뒤 한김 식혀 한입 크기로 동그랗게 빚는다.

피스타치오오이피클

오이가 풍성할 때 만들어 먹으면 좋은 요리 중 하나로

아이들도 좋아하는 메뉴입니다.

오이를 절일 때에는 오이의 쓴맛이 나는 끝부분을 제거하고 사용합니다.

오이는 너무 오래 절이지 말고 20분 정도만 절여야

간이 딱 맞고 아삭한 식감이 살아요.

기본 재료

백오이 180g

피스타치오 20g

굵은소금 약간

오이절임 재료

식초 · 설탕 1큰술씩

소금 약간

레몬소스 재료

레몬즙 · 꿀 · 올리브오일 1큰술씩

만드는 법

1 백오이는 굵은소금으로 문질러 씻고 껍질째 0.3㎝ 두께의 동그란 모양대로 편 썬다.

2 오이에 분량의 절임 재료를 넣어 20분 정도 절인다.

3 분량의 재료를 섞어 레몬소스를 만든다.

4 ②의 절인 오이는 손으로 물기를 꽉 짠다.

5 오이와 피스타치오를 섞은 뒤 레몬소스를 부어 버무려 낸다.

바나나베리피즈

사시사철 구할 수 있는 얼린 딸기와 바나나로
손쉽게 만들 수 있는 음료입니다.
딸기와 바나나, 오렌지는 의외로 맛 궁합이 잘 맞는데
설탕 대신 꿀을 넣으면 건강까지 챙길 수 있답니다.
생수 대신 탄산수를 타면 파티 음료로도 더없이 좋습니다.

기본 재료

얼린 딸기 150g

얼린 바나나 100g

오렌지주스 1컵

탄산수 1병(300㎖)

꿀 2큰술

만드는 법

1 딸기는 모양대로 얇게 슬라이스해 냉동실에 얼린다.

2 바나나는 껍질을 까서 얇게 슬라이스한 뒤 냉동실에 얼린다.

3 믹서에 얼린 딸기와 바나나, 오렌지주스, 꿀을 넣고 곱게 간 후 분량의 탄산수를 섞는다.

명란젓춘권피말이

짭조름한 명란젓과 담백한 닭 가슴살 그리고

바삭한 춘권피가 어우러진 별미입니다.

여기에 깻잎을 더해 향긋함까지 느낄 수 있지요.

명란젓은 껍질을 벗긴 후 춘권피를 깔고

그 위에 깻잎을 올린 뒤 얇게 펴 바르고,

춘권피의 끝부분에는 달걀물을 발라 꼭꼭 눌러 붙여야

튀겼을 때 껍질이 분리되지 않습니다.

기본 재료

춘권피(큰사이즈)·깻잎 10장씩

닭 가슴살 200g

명란젓 100g

달걀물 약간

식용유 적당량

만드는 법

1 춘권피와 깻잎은 길이로 이등분한다.

2 닭 가슴살은 깨끗이 씻어 1㎝폭으로 길게 자른다.

3 춘권피를 깔고 그 위에 깻잎을 올린 뒤 명란젓을 얇게 펴 바르고 닭 가슴살을 올린 다음 돌돌 말아 끝부분에

　달걀물을 발라 꼭꼭 눌러 붙인다.

4 170℃로 예열한 식용유에 넣어 연한 갈색이 나도록 튀긴다.

상큼한 훈제연어채소말이

연어를 맛있게 먹는 방법 중 하나입니다.

시판되는 훈제연어 슬라이스에 채 썬 파프리카와

양파, 팽이버섯, 무순을 올린 후 말아 접시에 놓으면

핑거 푸드처럼 쉽게 먹을 수 있어 초대요리 전식으로 그만입니다.

기본 재료

슬라이스한 훈제연어 200g

빨강 · 노랑 파프리카 ½개씩

양파 ¼개

팽이버섯 1봉지

무순 약간

겨자소스 재료

간장 2큰술

물 · 식초 · 설탕 1큰술씩

연겨자 ½큰술

만드는 법

1 파프리카는 길이로 잘라 얇게 채 썬다.

2 양파는 반으로 갈라 길이로 얇게 채 썰어 냉수에 10분 정도 담근 후 체에 밭쳐 물기를 뺀다.

3 팽이버섯은 밑동을 자르고 2~3가닥씩 모아 찢는다.

4 분량의 재료를 섞어 겨자소스를 만든다.

5 훈제연어를 펴고 그 위에 파프리카와 양파, 팽이버섯, 무순을 적당히 올린 후 돌돌 말아 접시에 담고
   겨자소스를 찍어 먹는다.

마늘크림치즈스프레드와 바게트

식전 빵으로 좋은 마늘크림치즈스프레드와 바게트입니다.

시판 바게트를 썰어 앞뒤로 노릇하게 굽고 크림치즈와

버터, 꿀, 다진 마늘, 파슬리, 소금을 넣어 고루 섞어 발라 먹으면 되지요.

파슬리 대신 쪽파의 푸른 부분을 송송 썰어 넣어도 좋아요.

기본 재료

바게트 ½개

크림치즈스프레드 재료

크림치즈 200g

버터 100g

꿀 4큰술

다진 마늘·말린 파슬리 가루(또는 쪽파) 2큰술씩

소금 약간

만드는 법

1 바게트는 3cm 두께의 사선으로 슬라이스해 달군 팬에 앞뒤로 노릇하게 굽는다.

2 크림치즈와 버터는 실온에서 말랑해지도록 한 다음 고루 섞은 뒤

분량의 꿀, 다진 마늘, 파슬리, 소금을 넣어섞어 크림치즈스프레드를 만든다.

3 구운 바게트에 마늘크림치즈스프레드를 취향에 맞게 발라 먹는다.

토마토드레싱샐러드 프레시모차렐라치즈 곁들인

파티 요리에 빠질 수 없는 샐러드로 식사 전에 입맛을 돋우기 좋습니다.
토마토드레싱만 만들어놓으면 쉽게 만들 수 있어요. 토마토는 꼭지를 제거하지 않고
반으로 잘라 올리면 녹색의 컬러감이 더해져 훨씬 예쁘답니다.

기본 재료

프레시모차렐라치즈 1팩

루콜라(또는 샐러드용 채소) 100g

방울토마토 10개, 파르메산치즈 가루 약간

토마토드레싱 재료

다진 토마토 6큰술, 다진 양파 3큰술

올리브오일 4큰술

화이트와인식초·꿀 2큰술씩

간장 1큰술, 소금 ¼작은술

만드는 법

1 루콜라는 씻어서 냉수에 10분 정도 담갔다가 체에 건져 물기를 제거한다.

2 방울토마토는 가로로 이등분한다.

3 분량의 재료를 섞어 토마토드레싱을 만든다.

4 그릇에 루콜라를 깔고 프레시모차렐라치즈를 가운데에 올린 후 그 사이에
   토마토드레싱을 동그랗게 둘러가며 뿌린다.

5 ④에 ②의 방울토마토를 둘러 모양을 낸 뒤 파르메산치즈 가루를 적당량 뿌린다.

연어스테이크와 갈릭소스

담백한 맛의 연어스테이크는 연어를 회로 먹기 부담스러운

어르신이나 아이를 위한 요리로 제격입니다. 연어로 스테이크를 만들 때에는

껍질이 있는 것을 구입하는 것이 좋아요. 껍질이 없는 연어 살은

익히면 겉이 단단해져 속을 촉촉하게 익힐 수 없기 때문입니다.

기본 재료

생연어 필레 300g

올리브오일 · 버터 2큰술씩, 식용유 1큰술

애호박 · 가지 ¼개씩, 방울토마토 2개

기름장 재료

간장 · 꿀 · 참기름 1큰술씩

갈릭소스 재료

마요네즈 3큰술

연유 · 다진 쪽파 2큰술씩

연겨자 · 꿀 · 다진 마늘 1큰술씩

레몬즙 1작은술, 소금 약간

만드는 법

1 달군 팬에 올리브오일을 두른 다음 이등분한 연어 필레의 껍질이 아래쪽이 되도록 놓고 굽다가 뒤집어
  노릇하게 구워지면 중불로 낮춘다.

2 ①에 버터를 넣고 녹으면 연어에 끼얹어가며 앞뒤로 바삭하게 굽는다.

3 ②의 연어를 접시에 담고 분량의 재료를 섞어 만든 기름장을 앞뒤로 바른다.

4 애호박과 가지는 0.5㎝ 두께의 세로로 썰어 그릴 팬에 식용유를 두르고
  방울토마토와 함께 그릴 자국이 나도록 구워 연어에 곁들인다.

5 분량의 재료를 섞어 만든 갈릭소스를 구운 연어와 채소에 곁들여 먹는다.

치킨스테이크

닭정육은 우유에 30분 정도 재두었다가 물로 씻어 비린내를 제거합니다.
또한 재움장에 30분 정도 두었다가 충분히 물기를 뺀 후 구워야
맛있게 스테이크를 구울 수 있어요. 애호박과 가지, 방울토마토 등을 그릴에 구워 곁들이면
더욱 맛있게 스테이크를 즐길 수 있습니다.

기본 재료

닭정육 700g

우유 1½컵

애호박·가지 ¼개씩, 방울토마토 2개

식용유 4큰술

닭정육 재움장 재료

간장·다진 마늘 2큰술씩, 굴소스·고추기름 1큰술씩

흑설탕 2½큰술, 후춧가루 ¼큰술

소스 재료

시판 바질페스토·홀그레인머스터드소스 1큰술씩

사워크림 약간

만드는 법

1 흐르는 물에 깨끗이 씻은 닭정육에 우유를 넣고 섞은 뒤 30분 정도 재두었다가 물로 깨끗이 씻고 체에 건져
   물기를 뺀다.

2 분량의 재료를 섞어 재움장을 만들어 ①에 넣고 버무려 30분 정도 두었다가 체에 건져 물기를 뺀다.

3 애호박과 가지는 0.5㎝ 두께의 세로로 썰어 그릴 팬에 식용유 1큰술을 두르고 방울토마토와 함께
   그릴 자국이 나도록 앞뒤로 굽는다.

4 그릴 팬에 식용유 3큰술을 두르고 ②의 닭정육을 올려 색이 나게 구워지면 중불로 낮춰 속까지 익도록 굽는다.

5 접시에 치킨스테이크와 구운 채소를 올리고 분량의 재료를 섞어 만든 소스를 곁들인다.

〈미자언니네 요리연구소〉의
시그니처 레시피를 담은 책

온라인 푸드마켓 마켓컬리 입점 등 몇 년 전부터 눈코 뜰 새 없이 바쁜 시간을 보냈어요. 그 와중에도 매달 〈여성조선〉에서 연재를 하면서 저의 시그니처 메뉴와 함께 새로운 레시피를 소개할 수 있어 행복했습니다. 특히 절기마다 꼭 필요한 영양을 담고 제철 식재료를 이용해 만든 영양밥 한 상 차림을 잡지에만 소개하기에는 아깝다는 생각이 들어 책으로 출간하게 되었습니다. 여기에 매일 반찬과 초대요리, 명절요리와 크리스마스 요리까지 요리를 시작하면서 많은 이들에게 칭찬받았던 레시피를 아낌없이 담았답니다.

책에 수록된 레시피 중에는

집에서 가족들을 위해 만든 메뉴도 있고

미자언니네 반찬가게와 마켓컬리 등에 소개해

인기를 얻었던 메뉴들이 대부분입니다.

맛있는 음식은 가족을 식탁으로 모이게 하고

더 나아가 사람들을 행복하게 만들어주는

힘이 있다고 믿어요.

미자언니의 레시피로 여러분의 식탁이

한결 풍성해지고 행복해졌으면 좋겠습니다.

찾아보기

선미자의 맛

초판 1쇄 발행 2020년 5월 26일
초판 3쇄 발행 2022년 12월 31일

지은이 선미자
발행인 이동한
편집장 김보선
기획·편집 강부연
제작관리 이성훈(부장), 정승헌
판매 박미선(본부장), 조성환, 박경민, 김주형

요리 및 스타일링 선미자
요리 어시스턴트 손보라, 이혁준
그릇 협찬 화소반
나무 소품 및 조리도구 협찬 나무목
사진 이종수(이종수스튜디오)
디자인 고정선
교정·교열 문보람

발행 ㈜조선뉴스프레스 여성조선
등록 2001년 1월9일 제301-2001-037호
주소 서울특별시 마포구 상암산로34, 디지털큐브빌딩 13층
편집 문의 02-724-6712
구입 문의 02-724-6796, 6797

ISBN 979-11-5578-483-9
값 22,000원

*이 책은 ㈜조선뉴스프레스가 저작권자와 계약에 따라 발행했습니다.
*저작권법에 의해 보호받는 저작물이므로 본사의 서면 허락 없이는
 이 책의 내용을 어떠한 형태로도 이용할 수 없습니다.
*저자와 협의하여 인지를 생략합니다.